职业教育机械类专业系列教材

模具装配与调试

主　编　李玉青
副主编　周佩秋　郭　翔
参　编　王敬艳　李桂娇　高玉侠　王永刚
主　审　张树东

机械工业出版社
CHINA MACHINE PRESS

本书是职业教育机械类专业系列教材，是根据教育部新颁布的《高等职业学校专业教学标准（试行）》编写的。本书全面介绍了模具装配基础、冲压模具装配、冲压模具的安装调试与维修、塑料模具装配、塑料模具的安装调试与维修内容。全书注重实用性，强调动手操作。

　　为便于教学，本书配套有电子教案、助教课件、教学视频等教学资源，选择本书作为教材的教师可登录 www.cmpedu.com 网站，注册后免费下载。

　　本书可作为高等职业院校模具设计与制造专业的教材，也可作为模具调试与维修岗位的培训教材。

图书在版编目（CIP）数据

模具装配与调试/李玉青主编. —北京：机械工业出版社，2016.7
（2024.8 重印）

职业教育机械类专业系列教材

ISBN 978-7-111-54384-8

Ⅰ.①模… Ⅱ.①李… Ⅲ.①模具—装配（机械）—高等职业教育—教材②模具—调试方法—高等职业教育—教材 Ⅳ.①TG76

中国版本图书馆 CIP 数据核字（2016）第 172982 号

机械工业出版社（北京市百万庄大街 22 号　邮政编码 100037）

策划编辑：汪光灿　责任编辑：汪光灿　程足芬

版式设计：霍永明　责任校对：张　薇　张　征

封面设计：张　静　责任印制：郜　敏

北京富资园科技发展有限公司印刷

2024 年 8 月第 1 版第 5 次印刷

184mm×260mm·9 印张·107 千字

标准书号：ISBN 978-7-111-54384-8

定价：29.00 元

电话服务

客服电话：010-88361066
　　　　　010-88379833
　　　　　010-68326294

封底无防伪标均为盗版

网络服务

机　工　官　网：www.cmpbook.com
机　工　官　博：weibo.com/cmp1952
金　书　网：www.golden-book.com
机工教育服务网：www.cmpedu.com

前　言

本书是根据教育部新颁布的《高等职业学校专业教学标准（试行）》编写的职业教育机械类专业系列教材，主要介绍模具装配基础、冲压模具装配、冲压模具的安装调试与维修、塑料模具装配、塑料模具的安装调试与维修内容。本书在编写过程中力求体现实用技术与必要的理论知识相统一、应用思路与技巧相统一。其编写模式新颖，文字简练，图文并茂，确保了扎实的教学效果。模具与一般机械产品不同，具有特殊性，它既是终端产品，又是用来生产其他制件的工具。因此，模具零件制造的完成不是模具制造的终点，必须将模具调整到可以生产出合格制件的状态后，模具制造才算大功告成。因此，本书详细介绍了几种模具的安装调试与维修知识，旨在突出实用性，强调动手操作。

本书在内容处理上主要有以下特点：①书中介绍的模具装配方法很多，在讲授时，应着重讲解每种装配方法的相异之处，通过比较可加深同学们的理解；②多学科交叉、知识面宽（包含模具钳工、钳工测量器具的使用、冲压模具的装配、塑料模具的装配及模具调试与维修等）、知识跨度大；③装配方法很多，内容非常丰富。在教学过程中，应根据目前模具加工、装配领域的应用情况整合教学内容，重点介绍模具钳工技术、冲压模具装配、塑料模具装配等内容。本书学时安排如下表：

教 学 内 容		建议学时（80 或 100 学时）	
		理论学时	实践学时
模具装配基础	模具装配与调试概述	2	
	模具钳工加工技术	4	16（20）
	模具钳工常用测量器具	4	10
冲压模具装配		4	10（18）
冲压模具的安装调试与维修		4	4
塑料模具装配		4	10（18）
塑料模具的安装调试与维修		4	4

全书共五章，由长春职业技术学院李玉青任主编，周佩秋、郭翔任副主编。具体编写分工如下：郭翔、李桂娇编写第 1 章，李玉青编写第 2、第 4 章，周佩秋编写第 3 章，王敬艳、高玉侠、王永刚编写第 5 章，机械工业第九设计研究院张树东担任本书主审并为本书的编写提供了大量的素材及参考意见。

在编写过程中，编者参阅了国内外公开出版的有关教材和资料，并应用了部分图、表等，在此向这些书籍的作者表示衷心感谢！

由于编者水平有限，书中不妥之处在所难免，恳请读者批评指正。

编　者

目 录

目

录

V

第1章 模具装配基础

✎ **学习目标**

1. 了解模具装配与调试的技术要求及工艺过程。
2. 掌握模具钳工加工技术。
3. 具备模具零件的测量检测能力。

模具装配是模具制造过程的最后阶段，其装配质量的好坏将影响模具的精度、寿命和各部分的使用功能。要制造出一副合格的模具，除了要保证零件的加工精度外，还必须做好装配工作。同时模具装配阶段的工作量比较大，又将影响模具的生产制造周期和生产成本。因此，模具装配是模具制造中的重要环节。

1.1 模具装配与调试概述

模具装配是按照规定的技术要求，将加工完成的符合设计要求的零件和购置的标准件，按设计的工艺进行相互配合、定位与安装、连接与固定成为模具，完成调整、试模及检验，并能够生产出合格制品的全过程。

在装配过程中，既要保证配合零件的配合精度，又要保证零件之间的位置精度；对于具有相对运动的零（部）件，还必须保证它们之间的运动精度。所以，模具装配精度的高低及质量的好坏都将直接影响制品生产是否能够正常进行以及制品的尺寸、形状精度及成本。因此，模具装配是模具制造过程中非常重要的环节，是研究模具装配工艺、提高装配工艺技术水平，并确保模具装配精度与质量的关键工艺措施。

模具与一般机械产品不同，具有特殊性，它既是终端产品，又是用来生产其他制件的工具。因此，模具零件制造的完成不能成为模具制造的终点，必须将模具调整到可以生产出合格制件的状态后，模具制造才算大功告成。

模具装配与调试同一般机械产品的装配相比有以下特点：

1）模具属于单件小批量生产，常用修配法和调整法进行装配，较少采用互换法，生产率较低。

2）模具装配多采用集中装配，即全过程由一个或一组工人在固定地点来完成，对工人的技术水平要求较高。

3）装配精度并不是衡量模具装配质量的唯一标准，能否生产出合格制件才是模具装配的最终检验标准。

4）模具装配技术要求主要是根据模具功能要求提出来的，用以指导模具装配前对零件、组件的检查，指导模具的装配工作以及指导成套模具的检查验收。

5）模具的检查与调试是指按模具图样和技术条件，检查模具各零件的尺寸、表面粗糙度值、硬度、模具材质和热处理方法等，检查与调试模具组装后的外形尺寸、运动状态和工作性能等。检查内容主要包括外观检查、尺寸检查、试模和制件检查、质量稳定性检查、模具材质和热处理要求检查等。

1. 模具装配的内容和特点

根据模具装配图样和技术要求，将模具的零部件按照一定工艺顺序进行配合、定位、连接与紧固，使之成为符合制品生产要求的模具的过程，称为模具装配。其装配过程称为模具装配工艺过程。模具装配工艺过程通常按照模具装配的工作顺序划分为相应的工序和工步，一个装配工序可以包括一个或几个装配工步。模具零件的组件组装和总装都是由若干个装配工序组成的。

模具装配图及验收技术条件是模具装配的依据。构成模具的标准件、通用件及成形零件等符合技术要求是模具装配的基础。但是，并不是有了合格的零件，就一定能装配出符合设计要求的模具，合理的装配工艺及装配经验也是很重要的。

模具装配过程是按照模具技术要求和各零件间的相互关系，将合格的零件按一定的顺序连接固定为组件、部件，直至装配成合格的模具。它可以分为组件装配和总装配等。

模具装配的内容：选择装配基准，组件装配、调整，修配，总装，研磨抛光，检测，试模与修模等。在装配时，零件或相邻装配单元的配合和连接，必须按照装配工艺确定的装配基准进行定位与固定，以保证它们之间的配合精度和位置精度，从而保证模具零件间精密、均匀的配合，以及模具开合运动及其他辅助机构（如卸料、抽芯、送料等）运动的精确性，保证成形制件的精度和质量，保证模具的使用性能和寿命。通过模具装配和调试，也将检验制件的成形工艺、模具设计方案和模具制造工艺编制等工作的正确性和合理性。

模具装配工艺规程是指导模具装配的技术文件，也是制订模具生产计划和进行生产技术准备的依据。模具装配工艺规程包括模具零件和组件的装配顺序，装配基准的确定，装配工艺方法和技术要求，装配工序的划分以及关键工序的详细说明，必备的二级工具和设备，检验方法和验收条件等。

2. 模具装配精度的要求

模具的装配精度是确定模具零件加工精度的依据，一般由设计人员根据产品零件的技术要求、生产批量等因素确定。模具的装配精度包括零部件间的距离精度、相互位置精度（如平行度、垂直度等）、相对运动精度、配合精度及接触精度等。

（1）相关零件的位置精度 例如：定位销孔与型孔的位置精度；上、下模之间，动、定模之间的位置精度；凸模、凹模、型腔、型孔与型芯之间的位置精度等。

（2）相关零件的运动精度 包括直线运动精度、圆周运动精度及传动精度。例如：导柱和导套之间的配合状态，顶块和卸料装置的运动是否灵活可靠，送料装置的送料精度。

（3）相关零件的配合精度　相互配合零件的间隙或过盈量是否符合技术要求。

（4）相关零件的接触精度　例如：模具分型面的接触状态如何，间隙大小是否符合技术要求，弯曲模、拉深模的上下成形面的吻合一致性等。

模具装配精度的具体技术要求参考相应的模具技术标准。

3. 模具装配的组织形式

模具装配的组织形式主要取决于模具生产批量的大小，根据模具生产批量大小的不同选择组织形式，主要的组织形式有固定式装配和移动式装配两种。

（1）固定式装配　固定式装配是指从零件装配成部件或模具的全过程在固定的工作地点完成。它可以分为集中装配和分散装配两种形式。

1）集中装配。集中装配是指从零件组装成部件或模具的全过程，由一个（或一组）工人在固定地点完成全部的装配工作。

由于集中装配工作必须由技术水平较高的工人承担，且装配周期长、效率低、工作地点面积大。所以该装配形式只适用于单件、小批量或装配精度要求较高及需要调整的部位较多的模具装配。

2）分散装配。分散装配是指将模具的全部装配工作分散为各种部件装配和总装配，在固定地点完成模具装配工作。

由于分散装配形式中参与装配的工人较多、工作面积大、生产率高、装配周期较短，所以该装配形式适用于成批量模具的装配工作。

（2）移动式装配　移动式装配是指每一个装配工序按一定的时间完成，装配后的组件（部件）或模具经传送工具输送到下一个工序。根据输送工具的运动情况，移动式装配可分为断续移动式装配和连续移动式装配。

1）断续移动式装配。断续移动式装配是指每组装配工人在一定的周期内完成一定的装配工序，组装结束后由输送工具周期性地输送到下一道装配工序。

由于断续移动式装配对装配工人的技术水平要求低、效率高、装配周期短，所以该装配形式适用于大批和大量模具的装配工作。

2）连续移动式装配。连续移动式装配是指在输送工具以一定速度连续移动的过程中完成装配工作。其装配的分工原则与断续移动式基本相同，所不同的是输送工具做连续运动，装配工作必须在一定的时间内完成。

由于连续移动式装配对装配工人的技术水平要求低，但必须操作熟练，装配效率高，装配周期短，所以该装配形式适用于大批量模具的装配工作。

4. 模具的装配方法

模具的装配方法是根据模具的产量和装配的精度要求等因素确定的。一般情况下，模具装配精度越高，则模具零件的精度越高。但是，根据模具生产的实际情况采用合理的装配方法，也能够用较低精度的零件装配出较高精度的模具。所以，选择合理的装配方法是模具装配的首要任务。

模具装配的工艺方法有互换法、修配法和调整法。模具生产属于单件小批量生产，具有成套性和装配精度高的特点。所以，目前模具装配常用修配法和调整法。今后随着模具加工设备的现代化，零件的制造精度将逐渐满足互换法要求，互换法的应用将会越来越广泛。

（1）互换装配法 零件按规定的公差加工后，不需要经过修配、选择（分组互换经简单选择）就能保证装配精度的方法叫互换装配法，包括完全互换法、部分互换法和分组互换法。这种方法可以使装配工作简单化，但要求零件的加工精度高，因此适用于批量生产。模具生产属于单件小批量生产，较少采用互换法，而只在大批量生产的导柱、导套模架中常用互换法。

1）完全互换法。这种方法是指装配时，各配合零件不经选择、修理和调整即可达到装配精度的要求。采用完全互换法进行装配时，如果装配精度要求高，装配尺寸链的组成环较多，则易造成各组成环的公差很小，零件加工困难。但由于该法具有装配工作简单、质量稳定、易于流水作业、生产率高、对装配工人技术要求低、模具维修方便等优点。因此，被广泛应用于模具和其他机器制造业。

2）部分互换法（概率法）。这种方法是指装配时各配合零件的制造公差有部分不能达到完全互换装配的要求。此时零件的公差可以放大些，使加工容易而经济，同时仍能保证装配精度。但采用这种方法存在着超差的可能，超差的概率很小，合格率为99.73%，只有少数零件不能互换，故称"部分互换法"。

互换装配法的优点如下：

1）装配过程简单，生产率高。

2）对工人的技术水平要求不高，便于流水作业和自动化装配。

3）容易实现专业化生产，从而可降低成本。

4）备件供应方便。

但是，互换装配法将提高了零件的加工精度（相对其他装配法），同时要求管理水平较高。

（2）修配装配法 在单件小批量生产中，当装配精度要求高时，如果采用完全互换法，则会使相关零件的要求很高，这对降低成本不利。在这种情况下，常常采用修配装配法。

修配装配法是指在某些零件上预留修配量，在装配时根据需要修配指定零件以达到装配精度的方法。采用这种装配方法能在很大程度上放宽零件的制造公差，相关模具零件就可以按较低成本的经济精度进行制造，使加工变得容易，同时通过修配又能达到很高的装配精度。修配法的优点是能够获得很高的装配精度，而零件的制造精度要求可以放宽；其缺点是装配中增加了修配工作量，工时多且不易预先确定，装配质量依赖工人的技术水平，生产率低。修配装配法是模具生产中应用最广泛的方法，常用于模具中工作零件部分的装配。

1）指定零件修配法。指定零件修配法是在装配尺寸链的组成环中，预先指定一个零件作为修配件，并预留一定的加工余量，装配时再对该零件进行切削加工，从而达到装配精度要求的加工方法。

指定的零件应易于加工，而且装配时其尺寸变化应不影响其他尺寸链。图1-1所示是一注射模的浇口套组件。浇口套装入定模板后，要求其上表面高出定模板0.02mm，以便定位圈将其压紧；下表面则与定模板平齐。为了保证零件加工和装配的经济可行性，上表面高出定模板平面的 0.02mm 由加工精度保证，下表面则选择浇口套为修配零件，预留高出定模板平面的修配余量 h，将浇口套压入模板配合孔后，在平面磨床上将浇口套下表面和定模板平面一起磨平，使之达到装配要求。

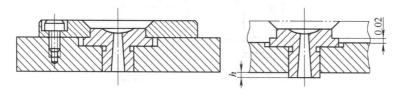

图 1-1　浇口套组件的修配装配

采用指定零件修配法时应注意：

① 应正确选择修配对象。即选择那些只与本装配精度有关，而与其他装配精度无关的零件表面作为修配对象；再选择其中易于拆装且修配面不大的零件作为修配件。

② 应通过尺寸链计算。合理确定修配件的尺寸和公差，既要保证它有足够的修配量，又不要使修配量过大。

③ 应考虑用机械加工方法代替手工修配，如使用手持电动或气动修配工具。

2）合并加工修配法。合并加工修配法是将两个或两个以上的零件装配在一起后，再进行机械加工，以达到装配精度要求的装配方法。

几个零件进行装配后，可以将其尺寸作为装配尺寸链中的一个组成环对待，从而使尺寸链的组成环数减少、公差扩大，这样容易保证装配精度要求。如图 1-2 所示，凸模和固定板装配后，要求凸模上端面和固定板的上平面为同一平面。采用合并加工修配法后，在加工凸模和固定板时，就不必严格控制尺寸 A_1 和 A_2，而是将凸模和固定板装配好后，再磨削上平面，以保证装配要求。

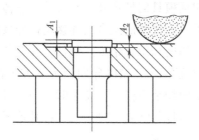

图 1-2　合并加工修配法

（3）调整装配法　按经济加工精度制造各相关模具零件，在装配时通过改变一个零件的位置或选定适当尺寸的调节件（如垫片、垫圈、套筒等）加入到尺寸链中进行补偿，以达到规定装配精度要求的方法称为调整装配法。

1）可动调整法。可动调整法是在装配时，通过改变调整件位置来达到装配精度的方法。图 1-3 所示为用螺钉调整塑料注射模具自动脱螺纹装置滚动轴承的间隙。转动调整螺钉，可使轴承外圈做轴向移动，从而使轴承外圈、滚珠及内环之间保持适当的配合间隙。此法不用拆卸零件，操作方便，故应用广泛。

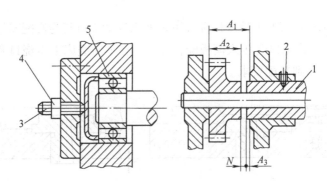

图 1-3　可动调整法

1—调整套筒　2—定位螺钉　3—调整螺钉　4—锁紧螺母　5—滚动轴承

2）固定调整法。固定调整法是在装配过程中选用合适的调整件以达到装配精度的方法。图 1-4 所示为塑料注射模滑块型芯水平位置的装配调整示意图。根据预装配时对间隙的测量结果，从一套不同厚度的调整垫片中，选择一个适当厚度的调整垫片进行装配，从而达到所要求的型芯位置。

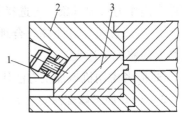

图 1-4　固定调整法

1—调整垫片　2—楔紧块　3—滑块型芯

装配调整法的优缺点如下：

① 在各组成环按经济加工精度制造的条件下，能获得较高的装配精度。

② 不需要做任何修配加工，还可以补偿磨损和热变形对装配精度的影响。

③ 需要增加尺寸链中零件的数量，装配精度依赖工人的技术水平。

5. 模具装配的技术要求

模具装配的技术要求，包括模具的外观和安装尺寸、总体装配精度两大方面。模具装配时，要求相邻零件或相邻装配单元之间的配合与连接均按照装配工艺确定的装配基准进行定位与固定，以保证其间的配合精度和位置精度。例如，在总装前应选好装配的基准件，安排好上、下模（动、定模）的装配顺序。如以导向板为基准进行装配时，则应通过导向板将凸模装入固定板，然后通过上模配装下模。在总装时，当模具零件装入上、下模板时，先装作为基准的零件，检查无误后再拧紧螺钉，打入销钉；其他零件以基准件配装，但不要拧紧螺钉，待调整间隙试冲合格后再紧固。

评定模具精度等级、质量与使用性能的技术要求如下：

1）通过装配与调整，使装配尺寸链的精度完全满足封闭环（如冲模凸、凹模之间的间隙）的要求。

2）装配完成的模具，冲压、塑料注射、压铸出的制件（冲压件、注塑件、压铸件）完全满足合同规定的要求。

3）装配完成的模具的使用性能与寿命，可达预期设定的、合理的数值与水平。

制造模具的目的是要生产制品，因而模具完成装配后必须满足规定的技术要求，不仅如此，还应按照模具验收的技术条件进行试模验收。

6. 模具装配的工艺过程

模具装配的工艺过程通常按照模具装配的工作顺序划分为相应的工序和工步，一个装配工序可以包括一个或几个装配工步。模具零件的组件装配和总装配都是由若干个装配工序组成的。模具的装配工艺过程包括以下三个阶段。

（1）装配前的准备工作

1）熟悉模具装配图、工艺文件和各项技术要求，了解产品的结构、零件的作用以及它们相互间的连接关系。

2）确定装配方法、顺序和所需要的工艺装备。

3）对待装配的零件进行清洗，去掉零件上的毛刺、铁锈及油污，必要时进行钳工修整。

（2）装配阶段

1）组装阶段。当许多零件装配在一起构成组件并成为模具的组成部分时，称其为模具的部件。当这些零件是部件的直接组成部分时，称其为模具的组件。把这些零件装配成组件、部件的过程称为模具的组件装配和部件装配。

2）总装阶段。把零件、组件、部件装配成最终产品的过程称为总装配。

（3）检验和试模阶段　模具的检验主要是检验模具的外观质量、装配精度、配合精度和运动精度。模具装配后的试模、修整和调整统称调试。其目的是试验模具各零部件之间的配合、连接情况和工作状态，并及时进行修配和调整。

模具装配工艺过程如图 1-5 所示。

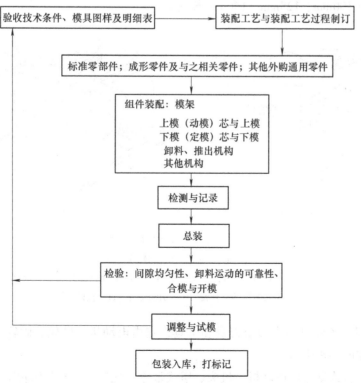

图 1-5　模具装配工艺过程

1.2　模具钳工加工技术

模具钳工是指利用台虎钳及各种手工工具、电动工具、钻床及模具专用设备来完成目前机械加工还不能替代的手工操作，并将加工好的模具零件按图样进行装配、调试，最后制造出合格的模具产品。

随着机械加工技术水平的不断提高，机械不能加工的将是更难、更复杂的工作，特别是模具工作表面的修磨、模具的装配和调试等，这些对钳工的技能都有很高的要求。因此，模具设计制造专业的学生必须熟练掌握钳工的基本知识和基本技能，以适应模具加工、装配的要求。

图 1-6　钳工工作台

1. 钳工常用设备

（1）钳工工作台　钳工工作台用来安装台虎钳、放置工具和工件等，如图1-6所示。钳工工作台的高度为800～900mm，装上台虎钳后，钳口高度以恰好与人的手肘平齐为宜，长度和宽度随工作需要而定。

（2）台虎钳　台虎钳用来夹持工件，分为固定式和回转式（活动式）两种结构类型，如图1-7所示。台虎钳的规格以钳口的宽度表示，有100mm、125mm、150mm等规格。

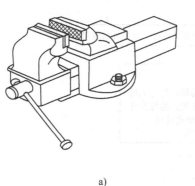

a)　　　　　　　　　　　　　　　　b)

图 1-7　台虎钳

a）固定式　b）回转式

1—钳口　2—螺钉　3—螺母　4、12—手柄　5—夹紧盘　6—转盘座　7—固定钳身

8—挡圈　9—弹簧　10—活动钳身　11—丝杠

（3）砂轮机　砂轮机用来刃磨刀具和工具，它由电动机、砂轮、砂轮机座、托架和防护罩等组成，如图1-8所示。

（4）钻床　台式钻床由电动机、机头、塔式带轮、立柱、底座和回转工作台等组成，如图1-9所示。

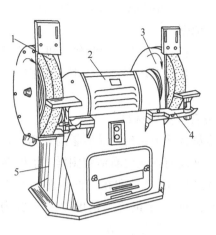

图 1-8　砂轮机

1—砂轮　2—电动机　3—防护罩

4—托架　5—砂轮机座

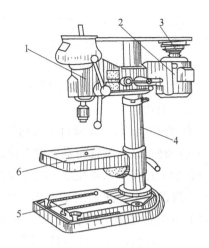

图 1-9　台式钻床

1—机头　2—电动机　3—塔式带轮

4—立柱　5—底座　6—回转工作台

2. 钳工安全技术和文明生产知识

1）工作前必须按规定穿戴好防护用品，否则不准上岗。

2）多人使用的钳工工作台，中间必须安装安全网；操作时要互相照顾，防止发生意外。

3）不准擅自使用或开动不熟悉的机器和工具。使用设备前必须认真检查，发现故障应停止使用。

4）使用电动工具时，应注意其外壳要接地，并应戴绝缘手套、穿胶鞋等，以防止触电。

5）使用起重设备时，应遵守起重工安全操作规程。

6）高空作业时，必须戴安全帽，系安全带；不允许上下投递工具或零件。

7）进行钳工加工时，如錾削、锉削、钻孔、攻螺纹等，都会产生很多切屑。清除切屑时应用毛刷，不可用手摸，更不准用嘴吹，以免伤手或伤害眼睛。

8）机器产品试车前要检查电源连接是否正确，手柄、撞块、行程开关等是否灵敏可靠，传动系统的安全防护装置是否齐全，确认无误后方可开车运行。

9）使用的工、夹、量具应分类摆放整齐，常用的放在工作位置附近，注意不要置于钳工工作台的边缘之外；精密量具要轻取轻放；工、夹、量具在工具箱内应有固定位置，排列应整齐。

10）工作场地要保持整齐清洁，搞好环境卫生。使用的工具，加工的零件、毛坯等的放置要整齐稳当，特别注意易翻的工件应垫放牢靠。

3. 划线

划线是模具加工中的重要工序之一，广泛用于单件或小批量生产。划线是加工前的基础工作，通过划线的准确定位，才能保证加工准确无误。

划线的作用如下：

（1）指导加工　通过划线确定零件加工面的位置，明确地表示出表面的加工余量，确定孔的位置或划出加工位置的找正线，作为加工的依据。

（2）通过划线及时发现毛坯的各种质量问题　当毛坯误差小的时候，可通过划线代替借料予以补救，从而可提高坯件的合格率，对不能补救的毛坯不再转入下一道工序，以避免不必要的加工浪费。

（3）合理使用材料　在型材上按划线下料，可合理使用材料。

划线是一种复杂、细致而重要的工作，划线质量直接关系到产品质量的好坏。大部分的模具零件在加工过程中都要经过一次或多次划线。划线前首先要看清楚图样，了解零件的作用，分析零件的加工程序和加工方法，从而确定要加工的余量和在工件表面上需划出哪些线。划线时不但要划出清晰、均匀的线条，还要保证尺寸正确，精度要求一般为 0.1 ~ 0.25mm。划完线之后要认真核对尺寸和划线位置，以保证划线准确。

常用的划线工具见表 1-1。

表 1-1　常用的划线工具

工具名称	简　图	作　用
划线台		划线台根据需要做成不同的尺寸；将工件和划线工具放在平台上面进行划线
划线方箱		方箱的相邻平面相互垂直，相对平面又互相平行，便于在工件上划出垂直线、平行线、水平线
V 形铁		V 形铁通常是两个一起使用，在划线中用以支承轴件、筒形件或圆盘类工件，以划出中线、找出中心等
划针	15~20°	划针是用来划线的，常与钢直尺、直角尺等导向工具一起使用。划针一般用工具钢或弹簧钢丝制成，还可焊接硬质合金后磨锐，其尖端磨成 15° ~ 20° 并淬火

（续）

工具名称	简　图	作　用
划线盘	夹紧螺母　　划针　　立柱　　底座	划线盘一般用于立体划线和用来找正工件位置，它由底座、立柱、划针和夹紧螺母等组成。划针的直头端用来划线，弯头端用来找正工件的位置
90°角铁		90°角铁可将工件夹在角铁的垂直面上进行划线，通过角铁对工件的垂直度进行找正，再用划针盘划线，可使所划线条与原来找正的直线或平面保持垂直
游标高度尺		游标高度尺是高度尺和划线盘功能的组合，它是精密工具，其规格有 0～200mm、0～300mm、0～500mm、0～1000mm，分度值一般为 0.02mm、0.05mm 和 0.10mm。不允许在毛坯上划线
样冲	40°～60°	工件划线后，在搬运、装夹等过程中可能将线条摩擦掉，为保持划线标记，通常要用样冲在已划好的线上打上小而均布的冲眼。样冲由工具钢制成，在工厂中可用旧的丝锥、铰刀等改制而成。其尖端和锤击端经淬火硬化，尖端一般磨成 40°～60°

具体划线方法如下：

1）普通划线法。利用常规划线工具划线，其精度一般为 0.1～0.2mm。

2）样板划线法。常用于多型腔及复杂形状的划线，利用线切割机床或样板铣床加工出样板，然后在模块上按样板划线。

3）精密划线法。一般利用高精度机床及附件进行划线。利用铣床的工作台及回转工作台的坐标移动及圆周运动进行划线操作，并利用量块、千分表及量棒等工具来检测工作台及转台的位移精度，划线精度可达 0.05mm；利用数控铣床或数显铣床划线时，划线精度可达 0.01mm；利用坐标镗床划线时，划线精度可达 0.005～0.010mm；利用样板铣床划线时，划线精度可达微米级。精密划线的加工可作为加工及测量的基准。

4. 锉削

锉削是用锉刀对工件表面进行切削加工，使工件达到所要求的尺寸、形状和表面粗糙度的方法。锉削是钳工中重要的工作之一。尽管它的效率不高，但在现代工业生产中的用途仍很广泛。例如：对装配过程中的个别零件进行最后修整；在维修工作中或在单件小批量的生产条件下，对一些形状较复杂的零件进行加工；制作工具或模具；手工去毛刺、倒角、倒圆等。总之，一些不能用机械加工方法完成的表面，采用锉削方法加工更简便、经济，且能达到较小的表面粗糙度值。尺寸精度可达 0.01mm，表面粗糙度可达 $Ra1.6\mu m$）。

（1）锉刀　锉削的主要工具是锉刀，它用高碳工具钢 T12、T12A 或 T13A 等制成，经热处理淬硬，硬度可达 62HRC 以上。由于锉削工作较广泛，故目前使用的锉刀规格已标准化。

锉刀主要由锉齿、锉刀面、锉刀尾和锉刀柄等组成，如图 1-10 所示。

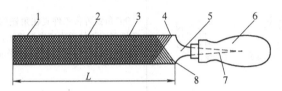

图 1-10　锉刀的组成

1—锉齿　2—锉刀面　3—刀边　4—底齿　5—锉刀尾　6—锉刀柄　7—舌　8—面齿　L—长度

（2）锉刀的种类　锉刀的种类、形状和用途见表 1-2。

表 1-2　锉刀的种类、形状和用途

名　称	锉刀的种类和断面形状图	用　途
钳工锉	扁锉　　方锉 半圆锉　　圆锉　　三角锉	用于加工金属零件的各种表面，加工范围广
异形锉 （特种锉）		主要用于锉削工件上特殊的表面

（续）

名　称	锉刀的种类和断面形状图	用　途
整形锉	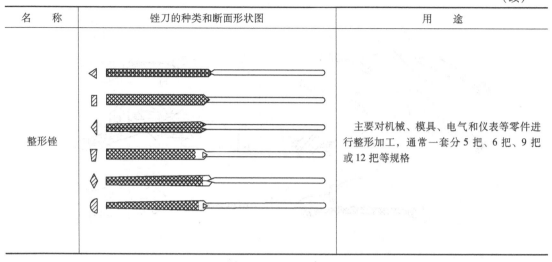	主要对机械、模具、电气和仪表等零件进行整形加工，通常一套分5把、6把、9把或12把等规格

（3）锉刀的规格及选用　锉刀的规格分尺寸规格和齿纹粗细规格两种。方锉刀的尺寸规格以方形尺寸表示；圆锉刀的规格用直径表示；其他锉刀则以锉身长度表示。钳工常用的锉刀，其锉身长度有 100mm、125mm、150mm、200mm、250mm、300mm、350mm、400mm 等多种。

齿纹粗细规格以锉刀每 10mm 轴向长度内主锉纹的条数表示。主锉纹是指锉刀上起主切削作用的齿纹；而另一个方向上起分屑作用的齿纹，称为辅助齿纹。

锉刀齿纹粗细规格的选用见表1-3。

表 1-3　锉刀齿纹粗细规格及其选用

锉刀齿纹粗细	适 用 场 合		
	锉削余量/mm	尺寸精度/mm	表面粗糙度 Ra/μm
1 号（粗齿锉刀）	0.5～1	0.2～0.5	100～25
2 号（中齿锉刀）	0.2～0.5	0.05～0.2	25～6.3
3 号（细齿锉刀）	0.1～0.3	0.02～0.05	12.5～3.2
4 号（双细齿锉刀）	0.1～0.2	0.01～0.02	6.3～1.6
5 号（油光锉刀）	0.1 以下	0.1 以下	1.6～0.8

（4）锉刀的握法　由于锉刀的长度不同，所以其握法也不完全一样。图 1-11a、b、c、d 所示分别为 300mm 以上大锉刀的握法、中锉刀的握法、小锉刀的握法和组锉的握法。

（5）锉削姿势　锉削时的站立步位和姿势如图 1-12 所示。锉削动作如图 1-13 所示，两手握住锉刀放在工件上，左臂弯曲；锉削时，身体先于锉刀并与之一起向前，右脚伸直并向前倾，重心在左脚，左膝呈弯曲状态。当锉刀锉至约 3/4 行程时，身体停止前进，两臂则继续将锉刀向前锉到头，同时，左脚伸直重心后移，恢复原位，并将锉刀收回，然后进行第二次锉削。

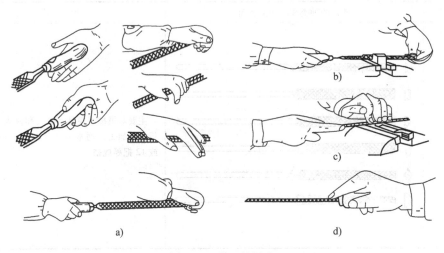

图 1-11　锉刀的握法

a）大锉刀的握法　b）中锉刀的握法　c）小锉刀的握法　d）整形锉刀的握法

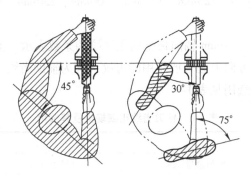

图 1-12　锉削时的站立步位和姿势

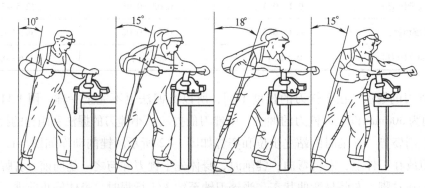

图 1-13　锉削动作

（6）锉削方法　平面的锉削方法有顺向锉法、交叉锉法和推锉法三种，见表1-4。

表 1-4　平面的锉削方法

锉削方法	图　示	操 作 方 法
顺向锉法		锉刀的运动方向与工件的夹持方向始终一致。在锉宽平面时，每次退回锉刀时应在横向做适当的移动。顺向锉法的锉纹整齐一致，比较美观，是一种最基本的锉削方法，不大的平面和最后锉光都采用这种方法
交叉锉法		锉刀的运动方向与工件的夹持方向成30°~40°角，且锉纹交叉。由于锉刀与工件的接触面积大，锉刀容易掌握平稳，同时从刀痕上可以判断出锉削面的高低情况，表面容易锉平，一般适用于粗锉。精锉时为了使刀痕变为正直，当平面将锉削完成前应改用顺向锉法
推锉法		用两手对称横握锉刀，用大拇指推动锉刀顺着工件长度方向进行锉削，此法一般用来锉削狭长平面

5. 孔加工

用钻头在实体材料上加工出孔的过程称为钻孔。钻孔是孔的粗加工工序，可以达到的标准公差等级为 IT10~IT11，表面粗糙度值为 $Ra12.5~50\mu m$，只能钻出加工精度要求不高的孔。

（1）刀具　钻头是钻孔用的切削工具，常用高速工具钢制造，其工作部分经热处理淬硬至 62~65HRC。钻头一般由柄部、颈部及工作部分组成，如图 1-14 所示。麻花钻的直径为 0.1~80mm。

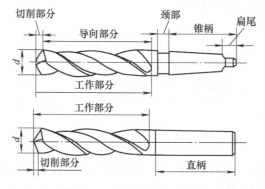

图 1-14　麻花钻结构示意图

（2）工件的装夹　钻孔时，要求工件表面平整，锋利的边角要倒钝；然后将其平稳地安放在工作台上，具体的装夹方法如图 1-15 所示。

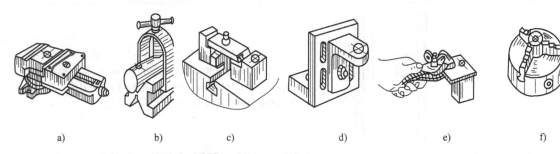

　　　a)　　　　　　b)　　　　　　c)　　　　　　　　d)　　　　　　　e)　　　　　　f)

图 1-15　钻孔时工件的装夹方法

a）平口钳　b）V 形块　c）螺旋压板　d）角铁　e）手虎钳　f）自定心卡盘

（3）钻孔的方法　钻孔开始前，先调整钻头和工件的位置，使钻尖对准钻孔中心，然后试钻一浅坑。通孔在将要钻穿时，必须减小进给量，如果采用自动进给，则应改换成手动进给。钻不通孔时，可按钻孔深度调整挡块，并通过测量实际尺寸来控制钻孔深度。

钻深孔时，一般在钻进深度达到钻头直径的 3 倍时，要退出钻头排屑，以后每钻进一定深度便提起钻头排屑一次，以免切屑阻塞而扭断钻头。钻直径较大的孔（一般直径大于 30mm）时，可分两次钻削，先选用直径为孔径的 50%～70% 的钻头钻底孔，然后再用所需直径的钻头扩孔。

在斜面上钻孔时，可先用立铣刀或錾子在斜面上加工出一个小平面，然后用中心钻或小直径钻头在小平面上钻出一个锥坑或浅坑，最后用合适直径的钻头钻出符合要求的孔。

（4）扩孔　用扩孔钻或麻花钻对工件上已有孔的直径进行扩大，并提高孔的精度和减小表面粗糙度值的加工方法，称为扩孔，如图 1-16 所示。

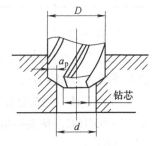

图 1-16　扩孔

1）扩孔的特点：

① 背吃刀量较钻孔时大大减小，切削阻力小。

② 避免了麻花钻横刃所引起的一些不良影响。

③ 产生的切屑体积小，排屑容易。

2）扩孔钻的结构特点（图 1-17）：

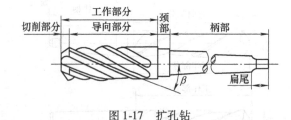

图 1-17　扩孔钻

① 因中心不参与切削，扩孔钻无横刃，故切削刃只做成靠外缘的一段。

② 因扩孔产生的切屑体积小，容屑槽不需要做得很大，故扩孔钻的钻心较粗，提高了

刚度，使切削平稳。

③ 扩孔钻有较多的刀齿，增强了导向作用，一般整体式扩孔钻有 3~4 个刀齿。

④ 因背吃刀量大大减小，所以切削角度可取较大数值，使切削省力，切屑容易排出，不易擦伤已加工孔壁表面。

（5）锪孔　用锪钻在孔口表面加工出一定形状的沉孔和表面的加工方法，称为锪孔。锪孔的目的是保证孔端面与孔中心线的垂直度，以便保证与孔连接的零件位置正确、连接可靠。

锪孔的方法见表 1-5。

表 1-5　锪孔的方法

名　　　称	柱形锪钻	锥形锪钻	端面锪钻
简图			
用途	用来锪柱形沉孔	用来锪锥形沉孔	用来锪平孔端面

锪孔的方法与钻孔基本相同，由于锪孔时容易产生振动而使所锪的端面出现振痕，为了避免这种现象，要注意以下几点：

1）用麻花钻改制锪钻时，要尽量挑选短的旧钻头，这样既能减小振动，又能做到废物利用。

2）锪钻的后角和外缘处的前角要适当减小，以防产生扎刀现象。

3）切削速度要比钻孔低 1/3，精锪时要更慢，甚至可利用停车的惯性来锪孔，以获得光滑表面。

4）锪钻工件时，要在导柱和切削表面加全损耗系统用油或润滑脂润滑。

（6）铰孔　用铰刀从工件孔壁上切除一层极薄的金属，以提高孔的尺寸精度和减小孔壁表面粗糙度值的加工方法，称为铰孔。一般铰孔精度可达 IT9~IT7，表面粗糙度值可达 $Ra3.2~0.8\mu m$。

铰刀按使用方法不同，可分为机用铰刀和手用铰刀，如图 1-18 所示。

1）铰孔方法。

① 铰削余量的确定。铰削余量是指上道工序（钻孔或扩孔）完成后，在直径方向上留下的加工余量。若铰削余量太小，则上道工序残留的变形和加工的刀痕难以纠正和除去，铰孔质量将达不到要求；同时铰刀处于啃刮状态，磨损严重，降低了其使用寿命。若铰削余量太大，则增加了每一刀齿的切削负荷，增加了切削热，使铰刀直径扩大，孔径也随之扩大；同时切屑呈撕裂状态，使铰削表面粗糙。正确选择铰削余量，应根据孔径的大小加以确定，同时考虑铰孔的精度、表面粗糙度、材料的软硬和铰刀类型等多种因素。

第 1 章　模具装配基础

17

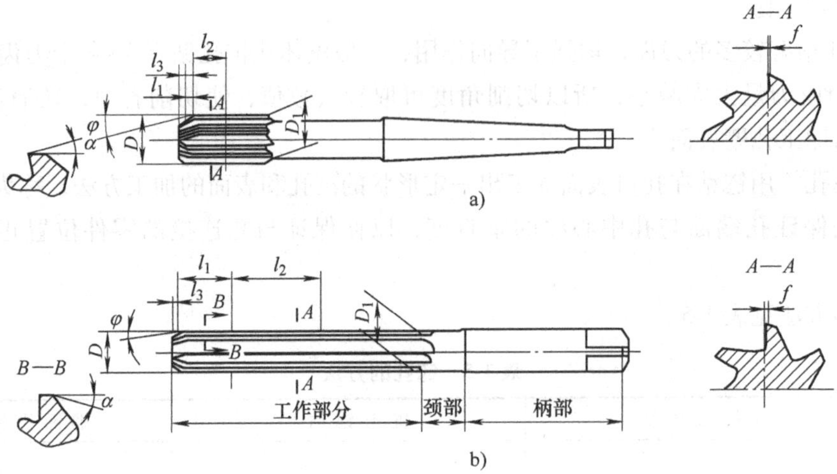

图 1-18　整体圆柱铰刀

a）机用铰刀　b）手用铰刀

铰削余量的选择见表 1-6。

表 1-6　铰削余量的选择　　　　　　　　　　　　　　　　　（单位：mm）

铰孔直径	<5	5～20	21～32	33～50	51～70
铰孔余量	0.1～0.2	0.2～0.3	0.3	0.5	0.8

此外，铰削余量的确定与上道工序的加工质量有很大关系。因此，对铰削精度要求较高的孔，必须经过扩孔或粗铰才能保证最后的铰孔质量。

② 机铰的切削速度和进给量。铰孔时，切削速度和进给量要选择得适当，其值过大或过小都将直接影响铰孔质量和铰刀的使用寿命。

使用普通高速工具钢铰刀铰孔，工件材料为铸铁时，切削速度不应超过 10m/min，进给量在 0.8mm/r 左右。当工件材料为钢时，切削速度不应超过 8m/min，进给量在 0.4mm/r 左右。

③ 切削液的选择。铰削的切屑一般都很细碎，容易黏附在切削刃上，甚至夹在孔壁与校准部分的棱边之间，从而将已加工表面拉毛。切削过程中，热量积累过多也将引起工件和铰刀的变形或孔径的扩大。因此，铰削时必须使用适当的切削液，以减少摩擦和散发热量，同时将切屑及时冲掉。

铰孔时切削液的选择见表 1-7。

表 1-7　铰孔时切削液的选择

工件材料	切　削　液
钢	1）体积分数为 10%～20% 的乳化液 2）铰孔精度要求较高时，可采用体积分数为 30% 的菜籽油和 70% 的乳化液 3）高精度铰削时，可用菜籽油、柴油、猪油

（续）

工 件 材 料	切 削 液
铸铁	1）不用 2）煤油，但会引起孔径缩小，最大缩小量为 0.02~0.04mm 3）低浓度乳化液
铝	煤油
铜	乳化液

2）铰孔加工时的注意事项。

① 工件要夹正，夹紧力应适当，以防止工件变形，并避免因铰孔后零件变形部分的回弹而影响孔的几何精度。

② 手铰时，两手用力要均衡，保持铰削的稳定性，避免由于铰刀的摇摆而造成孔口喇叭状和孔径扩大。

③ 随着铰刀的旋转，两手轻轻加压，使铰刀均匀进给，同时不断变换铰刀每次的停歇位置，防止连续在同一位置停歇而造成的振痕。

④ 铰削过程中或退出铰刀时，要始终保持铰刀正转，不允许反转，否则将拉毛孔壁，甚至使铰刀崩刃。

⑤ 铰定位锥销孔时，两结合零件的相对位置应正确，铰削过程中要经常用相配的锥销来检查铰孔尺寸，以防将孔铰深。一般用手按紧锥销时，其头部应高于工件表面 2~3mm，然后用铜锤敲紧。根据具体要求，锥销头部可略低或略高于工件平面。

⑥ 机铰时，要注意机床主轴、铰刀和工件孔三者间的同轴度是否符合要求。当上述同轴度不能满足铰孔精度要求时，铰刀应采用浮动装夹方式，调整铰刀与所铰孔的中心位置。

⑦ 机铰结束后，应在铰刀退出孔外后停机，否则孔壁将有刀痕，退出时孔会被拉毛。

6. 攻螺纹

用丝锥在工件孔中切削出内螺纹的加工方法称为攻螺纹。

（1）丝锥　丝锥是模具钳工加工内螺纹的工具，分为手用丝锥和机用丝锥两种，有粗牙和细牙之分。手用丝锥的材料一般为合金工具钢或轴承钢，机用丝锥都用高速工具钢制造，并经淬火硬化。丝锥的构造如图 1-19 所示。

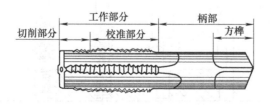

图 1-19　丝锥的构造

切削部分担负主要切削工作，其沿轴向开有几条容屑槽，形成切削刃和前角，同时能容纳切屑。在切削部分前端磨出锥角，使切削负荷分布在几个刀齿上，从而使切削省力，刀齿受力均匀，不易崩刃或折断，丝锥也容易正确切入。校准部分有完整的齿形，用来校准已切出的螺纹，并保证丝锥沿轴向运动，丝锥校准部分有 0.05~0.12mm/100mm 的倒锥，以减小其与螺孔的摩擦。

（2）铰杠　铰杠是用来夹持丝锥柄部方榫，带动丝锥旋转切削的工具。铰杠有普通铰杠和丁字铰杠两类，各类铰杠又分为固定式和活络式两种，如图1-20所示。

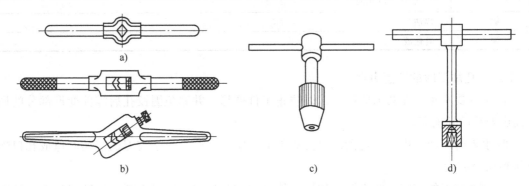

图1-20　铰杠
a）固定铰杠　b）活络铰杠　c）活动丁字铰杠　d）丁字铰杠

固定铰杠上方孔的尺寸与导板的长度应符合一定的规格，使丝锥受力不致过大，以防其折断，一般在攻 M5 以下的螺纹时使用；活络铰杠的方孔尺寸可以调节，故应用广泛。丁字形铰杠在攻工件台阶旁边或机体内部的螺孔时使用；丁字形可调节铰杠通过一个四爪的弹簧夹头来夹持不同尺寸的丝锥，一般用于 M6 以下的丝锥，大尺寸的丝锥一般用固定式，通常是按需要制成专用的。

（3）攻螺纹的要点及步骤

1）钻底孔。查表或用公式计算确定底孔直径，并选用合适的钻头。

2）孔口倒角。钻孔后孔口应倒角（攻通孔时两面孔口都应倒角），如图1-21所示，用90°锪钻倒角，使倒角的最大直径和螺纹的公称直径相等，以便于起锥，且最后一道螺纹不至于在丝锥穿出来的时候崩裂。

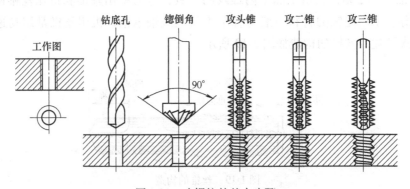

图1-21　攻螺纹的基本步骤

3）攻螺纹时丝锥必须放正，与工件表面垂直，如图1-22所示。攻螺纹开始时，用手掌按住丝锥中心，适当施加压力并转动铰杠；开始切削时，两手要加适当压力，并按顺时针方向（右旋螺纹）将丝锥旋入孔内；当切削刃切进后，两手不要再加压力，只用平稳的旋转力将螺纹攻出，如图1-23所示。在攻螺纹过程中，两手用力要均衡，旋转要平稳，每旋转1/2～1周时，将丝锥反转1/4周，以割断和排除切屑，防止切屑堵塞容屑槽，造成丝锥的损坏和折断。

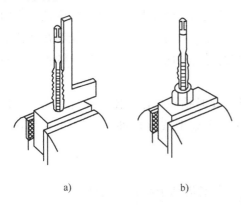

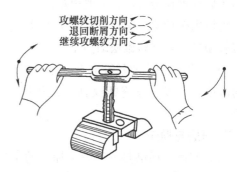

攻螺纹切削方向
退回断屑方向
继续攻螺纹方向

图1-22　丝锥的找正方法　　　　　　　　图1-23　攻螺纹的操作过程

a）用直角尺找正　b）用螺母找正

4）攻二锥、三锥。头锥攻过后，再攻二锥、三锥来扩大及修光螺纹。攻二锥、三锥时，必须先用手旋进头攻已攻过的螺纹中，使其得到良好的引导后，再使用铰杠。按照上述方法前后旋转，直到攻螺纹完成为止。

5）攻不通孔。攻不通孔时要经常退出丝锥，排出孔中的切屑。当要攻到孔底时，更应及时排出孔底积屑，以免攻到孔底时丝锥被轧住。

攻螺纹时产生废品及丝锥折断的原因和防止方法见表1-8。

表1-8　攻螺纹时产生废品及丝锥折断的原因和防止方法

废品形式	产生原因	防止方法
螺纹乱扣、断裂、撕破	1. 底孔直径太小，丝锥攻不进，使孔口乱扣 2. 头锥攻过后，攻二锥时，丝锥放置不正，头锥、二锥中心不重合 3. 螺纹攻歪斜很多，而用丝锥强行"找正"仍找不过来 4. 丝锥切削部分磨钝	1. 认真检查底孔，选择合适的底孔钻头，将孔径扩大 2. 先用手将二锥旋入螺纹孔内，使头锥、二锥中心重合 3. 保持丝锥与底孔中心一致，操作中两手用力要均衡，偏斜太多时不要强行找正 4. 将丝锥后角修磨锋利
螺纹孔偏斜	1. 丝锥与工件端平面不垂直 2. 铸件内有较大砂眼 3. 攻螺纹时两手用力不均衡，倾向于一侧	1. 起攻时要使丝锥与工件端平面垂直，注意检查与找正 2. 攻螺纹前注意检查底孔，如砂眼太大，则不宜攻螺纹 3. 要始终保持两手用力均衡，不要摆动
螺纹高度不够	攻螺纹底孔直径太大	正确计算与选择攻螺纹底孔直径与钻头直径

（4）丝锥折断后的取出方法

1）当折断的丝锥有部分露出孔外时，可用钳子将其拧出，或用尖錾子轻轻地剔出；也可以在断锥上焊一个六角螺母，然后用扳手轻轻地扳动六角螺母将断丝锥退出。

2）当丝锥折断部分在孔内时，可在带方榫的断丝锥上拧2个螺母，将钢丝（根数与丝锥槽数相同）插入断丝锥和螺母的空槽中，然后用铰杠按退出方向扳动方榫，把断丝锥取出。

丝锥的折断往往是在其受力很大的情况下突然发生的，致使断在螺孔中的半截丝锥的切削刃紧紧地楔在金属内，一般很难使丝锥的切削刃与金属脱离，为了使丝锥能够在螺孔中松动，可以用振动法。振动时用一个尖錾子抵在丝锥的容屑槽内，用锤子按螺纹的正反方向反复轻轻敲打，直到丝锥松动为止。

3）用氧乙炔焰使丝锥退火，然后用钻头去钻，此时钻头直径应比底孔直径小，钻孔也要对准中心，以防止将螺纹钻坏，孔钻好后打入一个扁形或方形冲头，然后用扳手旋出丝锥。

7. 研磨与抛光

（1）研磨　研磨是一种微量加工的工艺方法，研磨借助于研具与研磨剂（一种游离的磨料），使工件的被加工表面和研具之间上产生相对运动，并施以一定的压力，从工件上去除微小的表面凸起层，以获得很小的表面粗糙度值和很高的尺寸精度、几何形状精度等。研磨在模具制造中，特别是在产品外观质量要求较高的精密压铸模、塑料模、汽车覆盖件模具的制造中应用广泛。

1）研磨的特点。

① 表面粗糙度值小。研磨属于微量进给磨削，切削深度小，有利于减小工件的表面粗糙度值，加工表面的表面粗糙度可达 $Ra0.01\mu m$。

② 尺寸精度高。研磨采用极细的微粉磨料，机床、研具和工件处于弹性浮动工作状态，在低速、低压作用下，逐次磨去被加工表面上的凸峰点，加工精度可达 $0.01\sim0.1\mu m$。

③ 形状精度高。研磨时，工件基本处于自由状态，受力均匀，运动平稳，且运动精度不影响几何精度。加工圆柱体的圆柱度可达 $0.1\mu m$。

④ 改善工件表面的力学性能。研磨的切削热量小，工件变形小，变质层薄，表面不会出现微裂纹；同时能减小表面摩擦因数，提高耐磨性和耐蚀性。研磨零件表层存在残余压应力，这种应力有利于提高工件表面的疲劳强度。

⑤ 对研具的要求不高。研磨所用研具与设备一般比较简单，不要求具有极高的精度；但研具材料一般比工件软，研磨中会受到磨损，应注意及时修整与更换。

2）研磨用具。

① 研磨平板。用于研磨平面，有带槽和无槽两种类型。带槽的用于粗研，无槽的用于精研。

② 研磨剂。研磨剂是由磨料、研磨液及辅料按一定比例配制而成的混合物。常用的研磨剂有液体和固体两大类。液体研磨剂由研磨粉、硬脂酸、煤油、汽油、工业用甘油配制而成；固体研磨剂是指研磨膏，它由磨料和无腐蚀性载体，如硬脂酸、肥皂片、凡士林配制而成。

③ 磨料的选择。一般根据所要求的加工表面粗糙度来选择磨料，从研磨加工的效率和质

量来说，要求磨料的颗粒均匀。粗研磨时，为了提高生产率，用较粗的粒度，如 W28 ~ W40；精研磨时，用较细的粒度，如 W5 ~ W27；精细研磨时，用更细的粒度，如 W1 ~ W3.5。

3）研磨方法。

① 手动研磨。工件、研具的相对运动均用手动操作，加工质量依赖于操作者的技能水平，其劳动强度大、工作效率低，适用于各类金属、非金属工件的各种表面。模具成形零件上的局部窄缝、狭槽、深孔、不通孔和死角等部位，仍然以手工研磨为主。手动研磨的操作方法如图 1-24 所示。

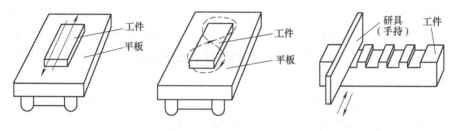

图 1-24　手动研磨的操作方法

② 机械研磨。工件、研具的运动均采用机械运动。其加工质量靠机械设备保证，工作效率比较高，但只适用于表面形状不太复杂等零件的研磨。

（2）模具的抛光　抛光是利用柔性抛光工具和微细磨料颗粒或其他抛光介质对工件表面进行修饰加工，去除前工序留下的加工痕迹（如刀痕、磨纹、麻点、毛刺）。抛光不能提高工件的尺寸精度或几何形状精度，而是以得到光滑表面或镜面光泽为目的，有时也用以消除光泽（消光处理）。抛光与研磨的机理是相同的，人们习惯上把使用硬质研具的加工称为研磨，而使用软质研具的加工称为抛光。

目前常用的抛光方法有以下几种。

1）机械抛光。机械抛光是通过切削，使材料表面产生塑性变形，从而去掉被抛光后的凸部得到平滑面的抛光方法，一般使用磨石条、羊毛轮、砂纸等，以手工操作为主，特殊零件如回转体表面，可使用转台等辅助工具，表面质量要求高的可采用超精研抛的方法。超精研抛是在含有磨料的研抛液中，将特制磨具紧压在工件被加工表面上，做高速旋转运动的方法。利用该技术可以达到 $Ra0.008\mu m$ 的表面粗糙度，是各种抛光方法中表面粗糙度值最小的。光学镜片模具常采用这种抛光方法。

2）化学抛光。化学抛光是在化学介质中，让材料表面微观凸出的部分较凹下部分优先溶解，从而得到平滑面的方法。这种方法的主要优点是不需要复杂设备，可以抛光形状复杂的工件，可以同时抛光很多工件，效率高。化学抛光的核心问题是抛光液的配制。化学抛光得到的表面粗糙度值一般为数十微米。

3）电解抛光。电解抛光的基本原理与化学抛光相同，即选择性地溶解材料表面的微小凸出部分，使表面光滑。与化学抛光相比，电解抛光可以消除阴极反应的影响，效果较好。

4）磁研磨抛光。磁研磨抛光是利用磁性磨料在磁场作用下形成磨料刷，对工件进行磨削加工。这种方法的加工效率高，质量好，加工条件容易控制，工作条件好。采用合适的磨料，表面粗糙度可以达到 $Ra0.1\mu m$。

模具的抛光技巧：不要一开始就使用最细的磨石、砂纸、研磨抛光膏，否则将不能把粗的纹路抛掉的。那样打磨出来的表面看起来很光亮，但是侧面一照，粗的纹路就显现出来了。因此，要先用粗的磨石、砂纸或研磨抛光膏打磨，然后换比较细的磨石、砂纸或研磨抛光膏进行打磨，最后用最细的研磨抛光膏进行抛光。这样操作虽然工序多，但可以保证模具的表面粗糙度要求。

8. 模具钳工配作孔加工

模具零件上有许多孔，如螺孔、螺钉过孔、销钉孔、凸模安装孔等，在相关的各零件之间，对孔距的要求具有不同程度的一致性。除少量模具零件使用坐标镗床、立式铣床等机床钻孔来保证孔距要求外，其余大部分零件都依靠钳工配作孔加工来保证零件的孔距要求。

（1）钳工配作钻孔方法

1）复钻。通过已经钻、铰的孔，对另一零件进行钻孔、铰孔，如图 1-25 所示。

2）同钻铰。将有关零件用平行夹头一同夹紧后，同时钻孔及铰孔。

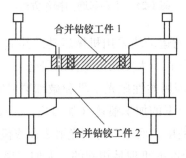

图 1-25　模具零件复钻

（2）同钻铰孔时的注意事项

1）在不同材料上铰孔时，应从较硬材料一方铰入。

2）通过淬硬件的孔来铰孔时，应首先检查淬硬件孔是否因热处理而变形，如有变形迹象，应先对其进行纠正。待淬硬件的孔纠正好后（用研磨法），方可铰孔。

3）铰不通孔时，应先用标准铰刀铰孔，然后用磨去切削部分的旧铰刀铰孔的底部。

9. 模具钳工安全文明生产知识

1）钳工工作台要放在便于工作和光线适宜的场地，台式钻床和砂轮机应放在场地一角，以确保安全。

2）不得擅自使用不熟悉的设备和工具。

3）使用手提式风动工具时，要确保接头牢靠，风动砂轮应有完整的罩壳装置。使用砂轮时，要戴好防护眼镜。

4）钳工工作台上要有防护网。清除切屑时要用毛刷，不要直接用手清除或用嘴吹。

5）毛坯和加工零件应在规定位置摆放整齐，便于取放，避免刮伤已加工表面。

6）使用手提式电动工具时，插头必须完好，外壳接地，绝缘可靠。调换砂轮和钻头时，必须切断电源。发生故障须及时上报，维修前停止使用。

7）禁止使用无柄的刮刀或锉刀、滑口或乱牙的板牙等有缺陷的工具。

1.3 模具钳工常用测量器具

1. 测量器具分类

量具、量仪总称为测量器具。

（1）按结构形式分类

1）固定刻线量具，如钢直尺、钢卷尺等。

2）游标量具，如游标卡尺、游标深度尺、游标高度尺等。

3）微动螺旋量具，如千分尺、内径千分尺、公法线千分尺等。

4）指示量具，如百分表、千分表、内径百分表等。

（2）按测量对象分类

1）测量长度尺寸的量具，如千分尺、游标卡尺、百分表等。

2）测量角度的量具，如游标万能角度尺等。

3）测量表面粗糙度值的量具，如表面粗糙度比较样板。

4）测量螺纹用的量具，如螺纹量规、螺纹千分尺等。

2. 模具零件一般测量内容

模具零件的一般测量内容及要点见表1-9。

表1-9　模具零件的一般测量内容及要点

序　号	名　称	内　容	要　点
1	长度	长度、厚度、宽度及直径等	1. 必须选定与模具工作时有关的基准面，并始终用同一基准面作为测量基准 2. 模具制造人员必须懂得模具各零件的功能，从而在加工及测量过程中可重点保证关键部位的技术要求
2	位置	从基准面到测量部位的距离、孔间距等	
3	半径	凸、凹模圆角半径及其他重要角的圆角半径等	
4	表面粗糙度值	表面粗糙度值	
5	平面轮廓形状	凸、凹模的刃口形状等平面轮廓形状	
6	立体形状	型腔等的立体形状	
7	配合及组合	模板孔和镶件的配合；导柱、导套的配合等	

3. 模具钳工常用的量具和量仪

（1）钢直尺　钢直尺是用不锈钢制成的一种直尺，如图1-26所示。钢直尺是常用量具中最基本的一种，其尺边平直，尺面有米制或寸制的刻度，可以用来测量工件的长度、宽度、高度和深度，有时还可用来对一些要求较低的工件表面进行平面度误差的检查。

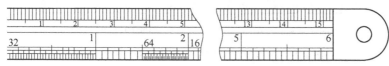

图1-26　钢直尺

（2）游标卡尺　游标卡尺是一种常用量具，它能直接测量工件的外径、内径、长度、宽度、深度和孔距等。模具钳工常用游标卡尺的测量范围有 0～125mm、0～200mm 和 0～300mm 等几种，其分度值有 0.1mm、0.05mm 和 0.02mm 三种，常用的是 0.02mm。

1）游标卡尺的结构如图1-27所示。

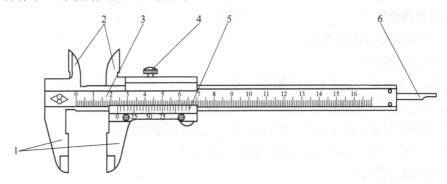

图 1-27　游标卡尺

1—刀口形外测量爪　2—内测量爪　3—尺身　4—紧固螺钉　5—游标　6—深度尺

2）游标卡尺（分度值为 0.02mm）的刻线原理。尺身每 1 格的长度为 1mm，游标总长度为 49mm，等分 50 格，游标每格长度为 49mm/50＝0.98mm，尺身 1 格和游标 1 格长度之差为 1mm－0.98mm＝0.02mm，所以它的分度值为 0.02mm，如图 1-28 所示。

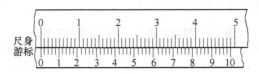

图 1-28　分度值为 0.02mm 游标卡尺的刻线原理

3）游标卡尺的读数方法。用游标卡尺测量工件时，读数分三个步骤：

① 读出尺身上的整数尺寸，即游标零线左侧尺身上的毫米整数值。

② 读出游标上的小数尺寸，即找出游标上哪一条刻线与尺身上的刻线对齐，用该游标刻线的次序数乘以该游标卡尺的分度值，即得到毫米内的小数值。

③ 把尺身和游标卡尺上的两个数值相加（整数部分和小数部分相加），就是测得的实际尺寸。

图 1-29 所示为分度值为 0.02mm 的游标卡尺读数举例。

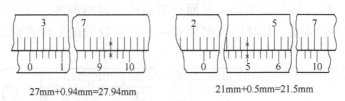

27mm+0.94mm=27.94mm　　21mm+0.5mm=21.5mm

图 1-29　分度值为 0.02mm 的游标卡尺读数举例

用游标卡尺测量时，两测量爪对应点的连线应与被测尺寸方向相互平行，否则测量误差大。测量圆柱面时，两测量爪对应点的连线应通过工件直径，这样才能测得正确的尺寸，如图 1-30a 所示；如果在其他位置测量，则测得的只是该处横截面的一条弦长，如图 1-30b 所示。因此要测量该处直径，必须换更大的卡尺或其他量具进行测量。

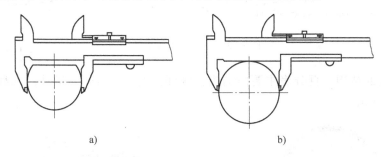

图 1-30　游标卡尺测量大外圆示意图

a）正确　b）错误

（3）千分尺　千分尺是测量中最常用的精密量具之一，其按用途不同可分为外径千分尺、内径千分尺和螺纹千分尺等，按测量范围分为 0～25mm、25～50mm、50～75mm、75～100mm、100～125mm 等，使用时应根据被测工件的尺寸选用。

1）千分尺的结构如图 1-31 所示。

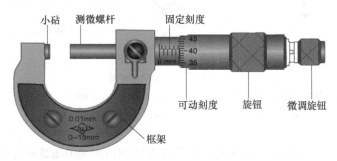

图 1-31　千分尺的结构

2）千分尺的刻线原理　测微螺杆右端螺纹的螺距为 0.5mm，当微分筒转一周时，测微螺杆移动 0.5mm。微分筒圆锥面上共刻有 50 格，因此微分筒每转一格，测微螺杆就移动 0.5mm/50 = 0.01mm，即千分尺的分度值为 0.01mm。

固定套管上刻有主尺刻线，每格为 0.5mm。

3）千分尺的读数方法

① 读出微分筒边缘在固定套管主尺上的毫米数和半毫米数。

② 看微分筒上哪一格与固定套管上的基准线对齐，并读出不足半毫米的数。

③ 把以上两个读数加起来就是测得的实际尺寸。

图 1-32 所示为千分尺读数举例。

（4）百分表　百分表可用来检验机床精度和测量工件的尺寸、几何误差，其分度值为 0.01mm。当分度值为 0.001mm 和 0.005mm 时，称为千分表。按制造精度不同，百分表可分为 0 级（IT6～IT4）、1 级（IT6～IT16）和 2 级（IT7～IT16）三种。

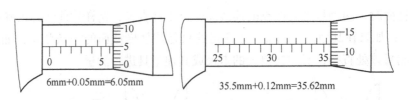

6mm+0.05mm=6.05mm   35.5mm+0.12mm=35.62mm

图 1-32　千分尺读数举例

1）百分表的结构。百分表主要由测头，测杆，大、小齿轮，指针，表盘和表圈等组成，如图 1-33 所示。

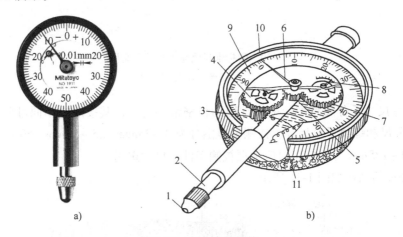

a)   b)

图 1-33　百分表的结构

a）实物图　b）结构示意图

1—测头　2—测杆　3—小齿轮（$Z_1 = 16$）　4、7—大齿轮（$Z_2 = 100$）　5—小齿轮（$Z_3 = 10$）

6—长指针　8—短指针　9—表盘　10—表圈　11—拉簧

2）百分表的刻线原理及读数方法。百分表齿杆的齿距是 0.625mm，当齿杆上升 16 齿时，上升的距离为 0.625mm × 16 = 10mm，此时和齿杆啮合的 16 齿的小齿轮正好转动 1 周，而和该小齿轮同轴的大齿轮（100 个齿）也必然转 1 周。中间小齿轮（10 个齿）在大齿轮的带动下将转 10 周，与中间小齿轮同轴的长指针也转 10 周。由此可知，当齿杆上升 1mm 时，长指针转 1 周。表盘上共等分 100 格，所以长指针每转 1 格，齿杆移动 0.01mm，故百分表的分度值为 0.01mm。

使用百分表进行测量时，首先让长指针对准零位，测量时长指针转过的格数即为测量尺寸。

（5）游标万能角度尺　游标万能角度尺是用来测量工件和样板的内、外角度及进行角度划线的量具，其分度值有 2′ 和 5′ 两种，测量范围为 0°～320°。

1）游标万能角度尺的结构。游标万能角度尺的结构如图 1-34 所示，主要由尺身、扇形板、基尺、游标、直角尺、直尺和卡块等部分组成。

2）游标万能角度尺（分度值为 2′）的刻线原理。尺身刻线每格为 1°，游标共 30 格，等分 29°，则游标每格为 29°/30 = 58′，尺身 1 格和游标 1 格之差为 1° － 58′ = 2′，所以它的分度值为 2′。

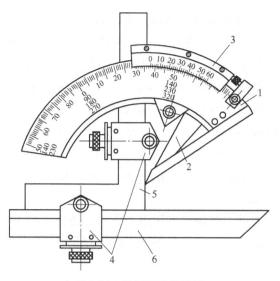

图1-34　游标万能角度尺

1—尺身　2—基尺　3—游标　4—卡块　5—直角尺　6—直尺

3）游标万能角度尺的读数方法。先读出游标零刻线前面的整度数，再看游标上的第几条刻线和尺身刻线对齐，读出角度"′"的数值，最后将两者相加就是所测量角度的数值。

用游标万能角度尺测量不同范围角度时有四种组合方式，测量角度分别是 0°～50°、50°～140°、140°～230°和230°～320°，如图1-35所示。

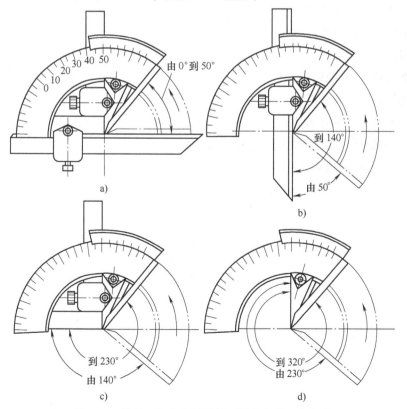

图1-35　游标万能角度尺测量不同角度的组合方式

（6）塞尺　塞尺的作用是检验两个结合面之间的间隙大小，钳工也常将工件放在标准平板上，然后通过用塞尺检测工件与平板之间的间隙来确定工件表面的平面度误差。

塞尺有两个平行的测量平面，如图 1-36 所示，其长度有 50mm、100mm 和 200mm 三种。厚度为 0.03 ~ 0.1mm 时，中间每片相隔 0.01mm；厚度为 0.1 ~ 1mm 时，中间每片相隔 0.05mm。

使用塞尺时，根据间隙的大小，可用一片或数片重叠在一起插入间隙内。例如，若用 0.3mm 的塞尺可以插入工件的间隙，而 0.35mm 的塞尺插不进去，则说明工件的间隙在 0.3 ~ 0.35mm 之间，所以塞尺也是一种界限量规。

塞尺的片容易弯曲和折断，测量时不能用力太大，还应注意不能测量温度较高的工件。用完后要将塞尺擦拭干净，并及时合到夹板中。

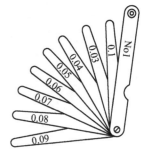

图 1-36　塞尺

思考与练习

1. 简述模具装配的内容。
2. 模具装配的组织形式有哪几种？
3. 简述模具的装配方法。
4. 钳工的常用设备有哪些？
5. 锉刀的种类有哪些？
6. 研磨有哪些应用特点？
7. 简述模具的抛光技巧。
8. 简述游标卡尺的读数方法。
9. 简述游标万能角度尺的测量范围。
10. 简述千分尺的读数方法。

1 CHAPTER

第2章　冲压模具装配

✒ **学习目标**

1. 掌握冲压模具工作零件的固定方法。
2. 掌握冲压模具凸模、凹模间隙的调整方法。
3. 学会冲裁模主要零部件的装配方法及总装配工艺过程。
4. 了解弯曲模和拉深模的装配特点。

冲压模具装配是冲压模具制造中的关键工序，其装配质量如何，将直接影响制件的质量、冲压模具的技术状态和使用寿命。

冲压模具装配是按照冲压模具的设计图样和装配工艺规程，把组成模具的各个零件连接并固定起来，达到符合技术和生产要求的冲压模具的过程，如图 2-1 所示。其装配的整个过程称为冲压模具装配工艺过程。

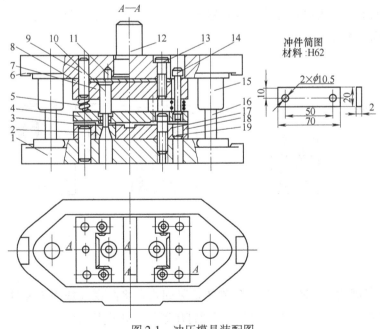

图 2-1　冲压模具装配图

1—下模板　2—凹模　3—定位板　4—弹压卸料板　5—弹簧　6—上模板　7、18—固定板　8—垫板
9、11、19—销钉　10—凸模　12—模柄　13、17—螺钉　14—卸料螺钉　15—导套　16—导柱

冲压模具装配过程中，钳工的主要工作是把已加工好的冲压模具零件按照装配图的技术要求装配、修整成一副完整、合格的优质模具。

2.1 模具工作零件的固定方法

冲压模具主要包括冲裁模、弯曲模、拉深模、成形模和冷挤压模等。模具的装配就是按照图样要求，将各个零件、组件通过定位和固定而连接在一起，确定各自位置，达到装配技术要求，并保证冲压出合格制件的过程。

模具的各个零件、部件是通过定位、固定连接在一起的，零件的固定方法会对模具装配工艺路线产生影响，因此必须掌握常用模具零件的固定方法。模具零件按照设计结构可采用不同的固定方法，常用的固定方法有机械固定法、物理固定法和化学固定法。

1. 机械固定法

机械固定法是借助机械力使模具零件固定的方法，根据其紧固方式又分为紧固件法、压入法、铆接法和焊接法。

（1）紧固件法 紧固件法是利用紧固零件（如螺钉、钢丝、压板、斜压块等）将模具零件固定的方法，其特点是工艺简单、紧固方便。常用的紧固方式可分为螺钉紧固式、斜压块紧固式和钢丝紧固式。

1）螺钉紧固式。如图 2-2a 所示，螺钉紧固式是将凸模放入固定板孔内，调整好位置和垂直度，然后用螺钉将其紧固。

有些大中型凸模（或凹模）的安装基面较大，在装配固定时，可直接将其安装在模座或固定板的平面上，并用销钉定位、螺钉紧固，如图 2-2b 所示。该方式安装简便、稳定性好，但要求牢固、不许松动。

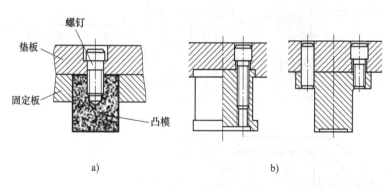

a)   b)

图 2-2 螺钉紧固

2）斜压块紧固式。如图 2-3 所示，斜压块紧固式是将凹模（或固定零件）放入固定板带有 10° 锥度的孔内，调整好位置，然后用螺钉压紧斜压块将其紧固。

3）钢丝紧固式。如图 2-4 所示，钢丝紧固式是在固定板上先加工出钢丝长槽，其宽度等于钢丝的直径，一般为 2mm，装配时将钢丝和凸模一并从上向下装入固定板中即可。

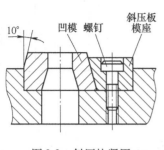

图 2-3　斜压块紧固

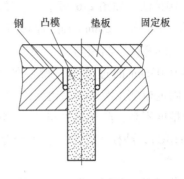

图 2-4　钢丝紧固

（2）压入法　压入法是冲模零件常用的连接方法，它是利用配合零件的过盈量将零件压入配合孔中，使其固定的方法。压入法装配的缺点是拆卸零件困难，对零件配合表面的尺寸精度和表面质量要求较高。该方式常用于凸模与固定板的连接。

对于有台肩的圆形凸模，其压入部分应设有引导部分，引导部分可采用小圆角、小锥度及在 3mm 以内将直径磨小 0.03～0.05mm。对于无台肩的凸模，压入端（非刃口端）四周应修成斜度或圆角以便压入；当凸模不允许设有锥度及圆角引导部位时，可在固定板孔凸模压入处做出斜度小于 1°、高 5mm 的引导部分，以便将凸模压入。

压入法定位配合部位采用 H7/m6、H7/n6 和 H7/r6 配合，该方法适用于冲裁板厚 $t \leqslant$ 6mm 的冲裁凸模和各类模具零件。利用台阶结构限制轴向移动时，应注意台阶结构尺寸，使 $H > \Delta D$，$\Delta D > 1.5 \sim 2.5$mm，$H = 3 \sim 8$mm，如图 2-5a 所示。

压入法的特点是连接牢固可靠，对配合孔的精度要求较高，加工成本高。装配压入过程如图 2-5b 所示，将凸模固定板型孔台阶向上放在两个等高垫铁上，将凸模工作端向下放入型孔对正。凸模压入次序为凡是装配易于定位、便于做其他凸模安装基准的优先压入；凡是较难定位或要求依据其他零件定位的后压入，压入时使凸模中心位于压力机中心。在压入过程中，应经常检查垂直度误差，压入较少一部分即要检查，当压入 1/3 深度时再次检查，若不合格应及时调整。压入后以固定板的另一面为基准，将固定板及凸模底面一起磨平，然后再以此为基准，在平面磨床上磨凸模刃口，使其锋利。

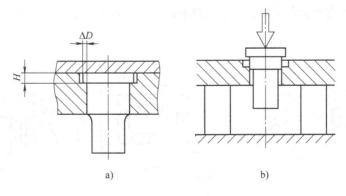

a)　　　　　　　　　　b)

图 2-5　压入法

（3）铆接法　如图 2-6 所示，铆接法主要适用于冲裁板厚小于或等于 2mm 的冲裁凸模和其他承受轴向拉力不太大的零件。凸模与固定板型孔配合部分应保持 0.01～0.03mm 的过盈量，铆接处凸模硬度小于 30HRC，固定板型孔铆接端周边倒角 $C0.5～C1$。该方法的装配精度不高，凸模尾端可不经淬硬或淬硬不高（低于 30HRC）；凸模工作部分长度应是整长的 $1/3～1/2$。

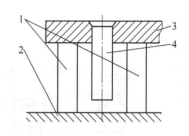

图 2-6　铆接法

1—垫铁　2—平面　3—固定板　4—凸模

（4）焊接法　如图 2-7 所示，焊接法主要用于硬质合金模，焊接前在 700～800℃ 范围内预热，并清理焊接面，再用火焰钎焊或高频钎焊在 1000℃ 左右焊接，焊缝为 0.2～0.3mm，焊料为黄铜并加入脱水硼砂。焊后放入木炭中缓冷，最后在 200～300℃ 保温 4～6h 进行去应力处理。

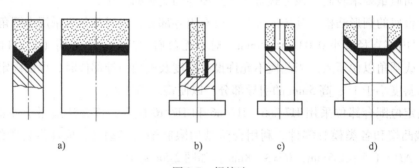

a)　　　　　　　　　b)　　　　　　c)　　　　　d)

图 2-7　焊接法

2. 物理固定法

物理固定法是利用金属材料热胀冷缩或冷胀的物理特性来固定零件的方法，常用的方法有热膨胀法和低熔点合金浇注法。

（1）热膨胀法　热膨胀法（图 2-8）又称为热套法，它利用热胀冷缩的物理特性，常用于固定合金工具钢凸、凹模镶块及硬质合金模块。具体方法是将钢制套圈加热到 300～400℃，保温 1h，然后套在未经加热的合金工具钢镶块上，待套圈冷却后即将镶块紧固。采用热膨胀法固定硬质合金凹模时，一般在热胀冷缩后，再通过电火花或线切割的方法加工出型孔。

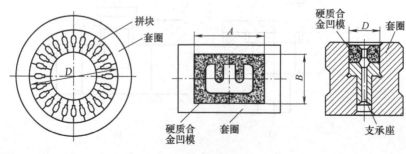

图 2-8　热膨胀法

（2）低熔点合金浇注法　低熔点合金浇注法是将熔化的低熔点合金浇入固定零件的间隙中，利用合金冷凝时的体积膨胀将零件固定的方法，又称冷胀法。常用于固定凸模、凹模和导柱、导套等模具零件。

采用低熔点合金浇注法，可实现多孔冲模凸、凹模的安装和间隙的调整；当个别凸模（或凹模）损坏需要更换时，可将低熔点合金融化，取出凸模（或凹模），更换后重新浇注，而且熔化了的低熔点合金可重复使用。低熔点合金浇注法工艺简单、操作方便，浇注固定后有足够的强度。此法适合固定冲裁厚度小于 2mm 钢板的凸模，其在复杂型芯和对孔中心距要求严格的多凸模固定中应用更为广泛。利用此方法固定凸模，其凸模固定板不需加工精度很高的型孔，只要加工出与凸模相似的通孔即可，大大简化了型孔的加工工艺，而且减轻了模具装配中各凸、凹模的位置精度和间隙均匀性的调整工作。

采用低熔点合金浇注法的缺点是：①浇注前需对相关零件进行加热；②易发生热变形；③耗费贵重金属铋。

1）低熔点合金浇注法的结构形式。图 2-9 所示为利用低熔点合金浇注固定凸模的几种结构形式。凸模与凸模固定板间采用间隙配合，固定板的型孔与凸模的单边间隙为 3 ~ 5mm，间隙内浇注低熔点合金。

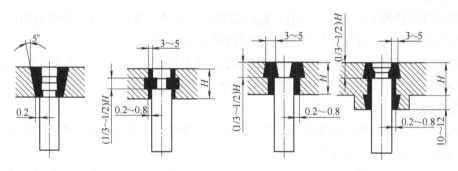

图 2-9　低熔点合金浇注法的结构形式

2）低熔点合金的配制方法。目前广泛使用的低熔点合金配方有两种，见表 2-1。

表 2-1　低熔点合金配方

序　　号	名　称	锑（Sb）	铅（Pb）	镉（Cd）	铋（Bi）	锡（Sn）	合金熔点/℃	合金浇注温度/℃
	熔点/℃	630.5	327.1	320.9	271	232		
	密度/（g/cm³）	6069	11.34	8064	9.8	7.28		
配方Ⅰ	成分（质量分数）（%）	9	28.5	—	48	14.5	120	150 ~ 200
配方Ⅱ		5	35	—	45	15	100	120 ~ 150

合金的配制方法：

① 将金属元素称好，分别打碎成 5 ~ 25mm³ 的小碎块，并分开存放。

② 将坩埚加热，依次按熔点高低加入金属锑、铅、镉、铋、锡，每加入一种金属都要用搅拌棒搅拌均匀，待金属全部熔化后，再加入另一种金属。

③ 待所有金属全部熔化后，使之冷却到 300℃ 左右，然后浇入钢槽内急速冷却成锭。

④ 使用时，按照需要量的多少熔化合金即可。

3）低熔点合金浇注的方法（图2-10）。

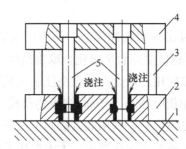

图2-10　低熔点合金浇注示意图

1—平板　2—凸模固定板　3—垫铁　4—凹模　5—凸模

① 按照凸、凹模间隙要求，在凸模5工作部分表面镀铜或均匀涂漆，使镀层厚度恰好为间隙值。

② 将凸模5轻轻敲入凹模4的型孔内（若间隙较大，可用插入垫片的方法调整凸、凹模之间的间隙），并校正凸模5与凹模4的基面互相垂直。

③ 将已插入凸模5的凹模4倒置，把凸模固定端插入凸模固定板2的型孔内，并在凹模4和凸模固定板2之间垫上等高垫铁3，使凸模端面与平板平面贴合。

④ 安装定位后，将合金锭熔化，用金属勺将其浇入凸模5和凸模固定板2配合的间隙孔内。

⑤ 浇注的合金经24h后，用平面磨床将其磨平即可使用。

3. 化学固定法

化学固定法是利用某些化学物质的粘接性能使零件结合起来而固定的方法，常用的方法有环氧树脂粘接固定法和无机粘接剂固定法。

（1）环氧树脂粘接固定法　用环氧树脂作黏结剂来固定模具零件，具有强度高、工艺简便、粘接效果好、零件不发生变形等优点，并且能提高冲模的装配精度和便于修理模具；但其具有不耐高温（使用温度不能高于100℃），有脆性、硬度低，在小面积上不能承受过高的压力等缺点。另外，有些固化剂有很大的毒性，操作不当时不仅会对操作人员造成伤害，还会降低粘接部位的质量。所以，环氧树脂粘接固定法仅用于厚度在1mm以下钢板的冲裁模。图2-11a、b所示适合固定冲裁板厚小于0.8mm的板料，图2-11c所示适用于固定冲裁板厚为0.8mm的板料。

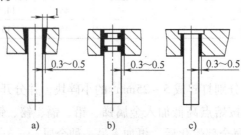

图2-11　环氧树脂粘接固定凸模

1）环氧树脂黏结剂的配制方法。利用环氧树脂粘接固定凸模的方法与低熔点合金浇注法基本相似，环氧树脂黏结剂的配方见表 2-2。

表 2-2　环氧树脂黏结剂的配方

组成成分	名　称	作　用	配方（质量分数,%)				
			1	2	3	4	5
黏结剂	环氧树脂	流动性好，易与固化剂混合，便于操作	100	100	100	100	100
填充剂	铁粉	提高黏结剂的强度、硬度，改变热膨胀系数和收缩率等	250	250	250	—	—
	石英粉		—	—	—	250	250
增塑剂	邻苯二甲酸二丁酯	改善树脂固化后的性能，提高抗冲击强度和抗拉强度，增加流动性、降低黏度，便于搅拌	15 ~ 20	15 ~ 20	15 ~ 20	15 ~ 20	15 ~ 20
固化剂	无水乙二胺	使环氧树脂凝固硬化	8 ~ 10	16 ~ 19	—	—	—
	间苯二胺		—	—	10 ~ 16	—	—
	邻苯二甲酸酐		—	—	—	18 ~ 35	—

2）环氧树脂黏结剂的配制。在调制黏结剂时，可先将配方中的各种成分按计算数量用天平称好，然后把环氧树脂加热至 70 ~ 80℃，与此同时，将烘干（200℃左右）的铁粉加入已加热的环氧树脂内调匀；再加入邻苯二甲酸二丁酯并继续调匀，当温度降到 40℃左右时，再加入无水乙二胺并搅拌至无气泡后即可使用。

3）环氧树脂黏结剂的固化步骤。

① 先将凸模固定板粘接部位表面清洗干净，然后把凸模插入凹模中，并垫好垫片，找正间隙。

② 将凸模插入凸模固定板相应的型孔中，如图 2-12 所示。

③ 将调配好的环氧树脂黏结剂倒入固定板与凸模的间隙槽内，使其均匀分布。

④ 将上模合上并敲打凸模，使凸模下端面与凸模固定板下端面齐平，一般 24h 后即可使用。

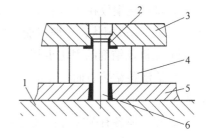

图 2-12　用环氧树脂粘接剂固定凸模
1—平台　2—垫片　3—凹模　4—等高垫块
5—凸模固定板　6—凸模

4）使用环氧树脂黏结剂固定凸模时，应注意以下几点：

① 粘接时，相关零件必须保持正确位置，在黏结剂未固化之前不得移动。

② 粘接表面必须清洗干净，无杂物。

③ 粘接表面要求粗糙，一般表面粗糙度值为 Ra50 ~ 12.5μm 即可。

④ 填充剂在使用前要干燥，一般用电炉加热至 200℃烘干 0.5 ~ 1h 即可。

⑤ 环氧树脂与固化剂的存放时间不能太久，使用后应将盛器盖拧紧。

⑥ 严格控制固化剂加入的温度，如用乙二胺固化剂时，温度应控制在 300℃左右；用间苯二胺固化剂时，温度应控制在 65 ~ 75℃。

⑦ 要在通风良好的环境下进行操作，对于胺类固化剂，由于其毒性较大，操作时要防

止毒气损害健康，必要时可戴乳胶手套进行操作，以防止皮肤受到树脂或固化剂的腐蚀。

（2）无机黏结剂固定法　利用无机黏结剂固定凸模，具有工艺简单、粘接强度高、不变形、耐高温（可耐600℃的高温）及不导热等优点。但其本身（粘接部分）呈脆性，不宜承受较大的冲击载荷，且不耐酸、碱腐蚀，所以只适用于冲力较小的薄板料冲裁模具。

1）无机黏结剂的配制方法。目前广泛使用的无机黏结剂是由氢氧化铝、磷酸溶液及氧化铜粉末定量混合而成的，其配方见表2-3。

表2-3　无机黏结剂配方

名　　称	配　　比	技 术 要 求	说　　明
氧化铜	4～5g	粒度为W45；二、三级试剂含量不少于98%	粒度粗则固化慢，黏性差；粒度细则反应过快，质量差
氢氧化铝	0.04～0.08g	白色粉末状；二、三级试剂	缓冲剂，可延长固化时间
磷酸	1mL	密度为1.7～1.9g/cm³；二、三级试剂含量不少于85%	密度为1.9g/cm³时粘接强度高，固化时间较长，但易析出结晶

2）无机黏结剂的配制方法。

① 将100mL磷酸所需加入的全部氢氧化铝先与10mL的磷酸置于烧杯中，并搅拌均匀、呈白乳状态。

② 再倒入90mL磷酸，加热后不断搅拌，待加热至220～240℃，使之呈淡茶色，冷却后即可使用。

③ 将氧化铜放在干净的铜板上，中间留有一小坑，倒入上述调制好的溶液，并用竹签搅拌均匀，调成糊状，一般以能拉出20mm的长丝为宜。

3）无机黏结剂的固化步骤。用无机黏结剂粘接固定凸模的步骤如图2-13所示。

① 清洗各粘接表面，要彻底清除油污、灰尘、锈斑等。清洗时，可用丙酮、甲苯等化学试剂。

② 对冲模各有关零件按装配要求进行安装定位，如图2-14所示。

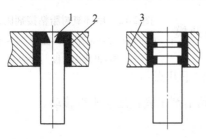

图2-13　无机黏结剂固化步骤
1—凸模　2—无机黏结剂　3—凸模固定板

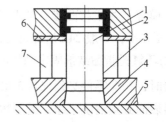

图2-14　定位方法
1—凸模　2—固定板　3—垫片
4—凹模　5—平台　6—垫板　7—等高垫铁

③ 将调制好的黏结剂涂于各粘接表面，待粘接在一起时可上下移动一下，以排除气体及消除间隙。粘接时必须保证原来已定位的位置，未完全固化前不要随意移动各零件。

④ 粘接后，先在室内固化2h左右，然后加热至60～80℃，保温2～3h后即可使用。

4）粘接时的注意事项。

① 粘接时，为防止黏结剂受潮失效，在使用前应将氧化铜在200℃恒温箱内先烘干30min。

② 黏结剂易干燥，故每次不宜配制太多，以免浪费。

2.2 冲压模具凸、凹模间隙的调整方法

在模具装配中，冲压模具凸、凹模之间的配合间隙是保证冲出合格制件的关键尺寸，对于保证模具的加工质量是十分重要的。在装配时，应根据模具的具体结构特点，先固定好其中一件（凸模或凹模）的位置，然后以这件为基准，控制好间隙再固定另一件的位置。控制凸、凹模间隙的方法主要有以下几种。

1. 透光法

如图2-15所示，将模具的上模部分和下模部分分别装配，螺钉不要紧固，定位销暂不装配。将等高垫铁放在固定板及凹模之间，并用平行夹头夹紧。用手持电灯或电筒照射，从漏料孔观察光线透过多少，确定间隙是否均匀并调整至合适，然后紧固螺钉和装配定位销。经固定后的模具要用相当板料厚度的纸片进行试冲，如果样件四周毛刺较小且均匀，则说明配合间隙调整得合适；如果样件某段毛刺较大，则说明间隙不均匀，应重新调整至试冲合格为止。这种方法适用于薄料且间隙较小的冲模。

2. 垫片法

如图2-16所示，在凹模刃口周边适当部位放入厚薄均匀的金属垫片或成形制件，其厚度等于单边间隙值，在装配时，按图样要求及结构情况确定安装顺序。一般先将下模用螺钉、销钉紧固，然后使凸模进入相应的凹模型腔内并用等高垫块垫起放平。这时，用锤子轻轻敲打固定板，使间隙均匀、垫片松紧度一致，然后拧紧上模固定螺钉。放入纸片试冲观察试冲情况，如果冲裁毛刺不均匀，则说明凸、凹模间隙不均匀，应再进行调试，直至冲裁毛刺均匀为止。最后，将上模座与固定板紧固。该方法常用于间隙偏大的中小型冲裁模、拉深模和弯曲模等。

3. 镀铜法

对于形状复杂、凸模数量较多的小间隙冲裁模，用垫片法调整凸、凹模配合间隙比较困难。这时可以采用电镀的方法，在凸模表面镀一层铜，镀层厚度等于单边间隙值。镀层厚度用电流及电镀时间来控制，可以保证模具冲裁间隙均匀。然后再按照垫片法进行调整、固定和定位。镀层在模具使用过程中可以自行剥落而在装配后不必去除，其缺点是在工艺上增加了电镀工序。

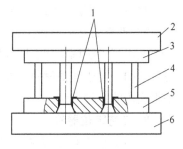

图2-15 透光法
1—凸模 2—光源 3—垫块
4—固定板 5—凹模

图2-16 垫片法
1—垫片 2—上模座 3—凸模固定板
4—等高垫铁 5—凹模 6—下模座

4. 涂层法

涂层法与镀铜法类似，是在凸模表面涂一层薄膜材料，如磁漆或氨基醇酸绝缘漆等。薄膜厚度等于凸、凹模的单边配合间隙，不同的间隙要求选择不同黏度的漆或涂不同次数的漆来控制其厚度。涂漆后将凸模组件放于烘箱内，在 $100 \sim 120℃$ 的温度下烘烤 $0.5 \sim 1h$，烘干后修折角处使涂层均匀一致，然后按上述方法调整、固定和定位。装配时不必去除凸模上的漆，其在模具使用中会自行剥落。此法适用于小间隙冲裁模。

5. 酸腐蚀法

酸腐蚀法是在加工凸、凹模时，将凸模的尺寸做成凹模型孔的尺寸，装配完后再将凸模工作段部分进行腐蚀以保证间隙值的方法。间隙值的大小由酸蚀时间长度来控制，腐蚀后一定要用清水洗干净，操作时要注意安全。酸液的配方如下：

配方Ⅰ：硝酸（20%）＋醋酸（30%）＋水（50%）（均为体积分数）。

配方Ⅱ：蒸馏水（55%）＋双氧水（25%）＋草酸（20%）＋硫酸（1%～2%）（均为体积分数）。

6. 标准样件法

对于弯曲、拉深及成形模等的凸、凹模间隙，可根据零件产品图样预先制作一个标准样件，在调整及安装时，将样件放在凸、凹模之间即可进行装配调整。

7. 测量法

采用测量法的具体方法如下：

1）将凹模紧固在下模座上，上模安装后不紧固。

2）使上、下合模，并使凸模进入凹模型孔内。

3）用塞尺测量凸、凹模间隙。

4）根据测量结果进行调整。

5）调整合适后紧固上模。

利用测量法调整凸、凹间隙值，工艺繁杂且麻烦，但最后得到的凸、凹模间隙基本是均匀合适的，对于冲裁材料较厚且间隙较大的冲模，以及弯曲、拉深模凸、凹模间隙的控制，是很实用的一种方法。

8. 工艺定位器法

采用工艺定位器法调整凸、凹模间隙的情形如图 2-17 所示，工艺定位器的结构如图 2-18 所示。

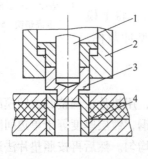
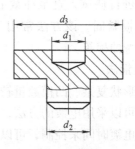

图 2-17　工艺定位器法调整间隙　　　　　　　图 2-18　工艺定位器的结构

1—凸模　2—凹模　3—工艺定位器　4—凸凹模

在图 2-17 中，装配工艺定位器 3 时，使其 d_1 与凸模 1、d_2 与凸凹模 4 都处于滑动配合状态，工艺定位器的 d_1、d_2、d_3 都是在车床上一次装夹车成的，故同轴度精度较高。在装配时，采用此方法装配复合模，对保证上、下模的同心度及凸、凹模间隙均匀能起到重要作用。

9. 凸、凹模位置的控制

单工序模：一般选凹模作为基准件。

多冲头导板模：一般选导板作为基准件。

复合模：一般选凸凹模作为基准件。

级进模：一般选凹模作为基准件。

2.3　冲压模具零部件的组件装配方法

在冲压模具的制造中，为确保冲压模具必要的装配精度，以使其具有良好的技术状态和较高的使用寿命，除保证冲压模具零件的加工精度外，在装配方面也应达到规定的技术要求。

组件装配是指模具在总装前，将两个以上的零件按照规定的技术要求连接成一个组件的装配工作。

1. 冲压模具标准模架

冲压模具模架分为标准模架和非标准模架两大类。非标准模架是企业内部根据图样要求加工生产的模架；而标准模架则是按照国家标准，即《冲模滑动导向模架》（GB/T 2851—2008）、《冲模滚动导向模架》（GB/T 2852—2008）、《冲模模架技术条件》（JB/T 8050—2008）、《冲模导向装置》（GB/T 2861—2008）等标准生产的模架。

在模具生产中，使用标准模架及标准零部件，是改变模具单件生产的基本措施，是简化模具设计、提高模具制造质量和劳动生产率、降低生产成本、缩短生产周期的有效方法。模架是模具生产中必须采用的标准部件，自冲模模架国家标准实施及推广以来，我国已出现了很多模架生产的专业厂家，并把模架作为商品进行出售和出口创汇。标准模架是专业模具厂定型的、大批量生产的产品，也是可采用生产线方式进行生产的产品。

（1）冲压模具标准模架的类型与特点　常用冲压模具标准模架（滑动导向模架）的类型与特点见表 2-4。

表 2-4　常用冲压模具标准模架（滑动导向模架）的类型与特点

模架类型	简　图	特　点
对角导柱模架		受力平衡，工作平稳，使用方便，可以从两个方向上进料 适用于连续模及复合模 标记示例：凹模周界 $L = 200$mm $B = 125$mm；闭合高度 $H = 170 \sim 205$mm；I 级精度

（续）

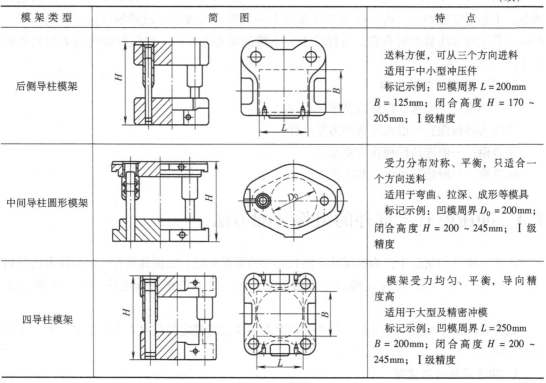

模架类型	简　图	特　　点
后侧导柱模架		送料方便，可从三个方向进料 适用于中小型冲压件 标记示例：凹模周界 $L = 200$mm；$B = 125$mm；闭合高度 $H = 170 \sim 205$mm；Ⅰ级精度
中间导柱圆形模架		受力分布对称、平衡，只适合一个方向送料 适用于弯曲、拉深、成形等模具 标记示例：凹模周界 $D_0 = 200$mm；闭合高度 $H = 200 \sim 245$mm；Ⅰ级精度
四导柱模架		模架受力均匀、平衡，导向精度高 适用于大型及精密冲模 标记示例：凹模周界 $L = 250$mm；$B = 200$mm；闭合高度 $H = 200 \sim 245$mm；Ⅰ级精度

（2）标准模架的结构组成　模架是模具的主体部位，它连接冲压模具的主要零件（凸模、凹模），凸、凹模固定板和卸料板等，将它们构成一套完整的模具结构。

模架的组成及各零件的作用见表2-5。

表2-5　模架的组成及各零件的作用

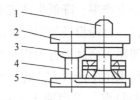

序　号	零件名称	作　　用
1	模柄	连接压力机滑块与上模板的零件
2	上模板	支承、安装凸模固定板及凸模的零件
3	导柱	导向零件，与导套配合，保证上、下模对中及模具精度的零件
4	导套	导向零件，与导柱配合，保证上、下模对中及模具精度的零件
5	下模板	固定、安装凹模与凹模固定板的零件，并用螺栓通过下模板将模具固定在压力机工作台上

（3）模架的技术要求　冲模工作时的精度（动态精度）主要取决于模架的导向精度，

即取决于模架的导向形式、导柱与模板基准面的垂直度要求、导柱和导套的配合间隙以及上模板上平面对下模板下平面的平行度要求。冲模模架技术已有国家标准，可查阅《冲模模架技术条件》（JB/T 8050—2008），其主要技术要求如下：

1）精度要求。滑动导向模架的精度分为Ⅰ级和Ⅱ级；滚动导向模架的精度分为0Ⅰ级和0Ⅱ级，各级精度的模架必须符合表2-6中的规定。

表2-6　模架精度等级

被检测尺寸	检查项目	被检测尺寸/mm	精度等级	
			0Ⅰ级、Ⅰ级	0Ⅱ级、Ⅱ级
			公差等级	
A	上模板上平面对下模板下平面的平行度	≤400	5	6
		>400	6	7
B	导柱轴线对下模板下平面的垂直度	≤160	4	5
		>160	5	—

注：1. 被测尺寸：A—上模板的最大长度尺寸或最大宽度尺寸；B—下模板上平面的导柱高度。
　　2. 公差等级：按 GB/T 1184—1996《形状和位置公差　未注公差》的规定。

2）配合要求。装入模架的每对导柱、导套的配合间隙，Ⅰ级精度模架必须符合导柱、导套配合精度为 H6/n5，Ⅱ级精度模架必须符合导柱、导套配合精度为 H7/n6，具体技术要求见表2-7。

表2-7　导柱、导套配合间隙（或过盈量）

配合形式	导柱直径/mm	模架精度等级		过盈量/mm
		Ⅰ级	Ⅱ级	
		配合后的间隙值/mm		
滑动配合	≤18	≤0.010	≤0.015	—
	18～30	≤0.011	≤0.017	
	30～50	≤0.014	≤0.021	
	50～80	≤0.016	≤0.025	
滚动配合	18～35	—	—	0.01～0.02

3）装配后的模架，上模相对下模上下移动时，导柱和导套之间应滑动平稳，无阻滞现象；装配后，导柱固定端端面与下模板下平面应保持1～2mm的空隙，导套固定端端面应低于上模板上平面1～2mm。

（4）模架的装配方法　模架的装配主要是指导柱、导套与上、下模板之间的装配，大多数模架的导柱、导套与模板之间采用过盈配合。

1）压入法装配模架。压入法装配模架由于操作方便、导向可靠，故应用广泛。在安装导柱、导套前，通常对上、下模板孔口倒棱，并擦净配合表面，涂上机械油。

按照导柱、导套的安装顺序，压入法装配模架主要有以下两种装配方法：

方法一：先压入导柱的装配方法（以导柱为基准件），见表2-8。

方法二：先压入导套的装配方法（以导套为基准件），见表2-9。

表 2-8　压入法装配模架（以导柱为基准件）

工　序	装配简图	工艺说明
选配导柱、导套		按模架精度等级选配导柱、导套，使其配合间隙值符合技术指标（H7/h6）
压入导柱	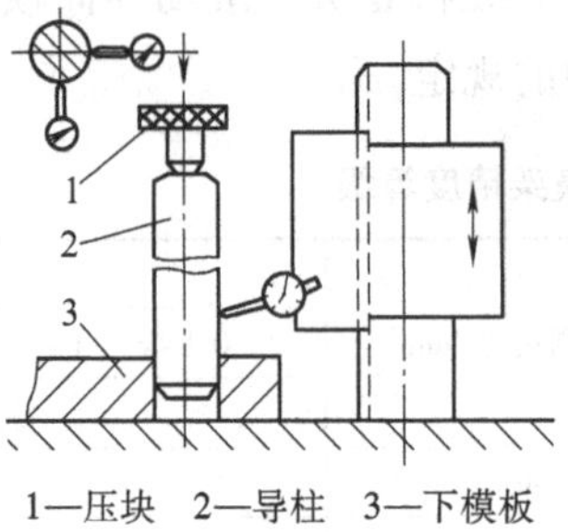 1—压块　2—导柱　3—下模板	用压力机压导柱时，将压块放在导柱中心位置上，压入很少部分后，需用百分表（或宽座直角尺）测量并校正导柱的垂直度（将百分表装于升降座上，上下移动检查导柱两个方向的垂直度）；用同样的方法压入所有导柱，但不压到底，留 1~3mm 的空隙
装导套	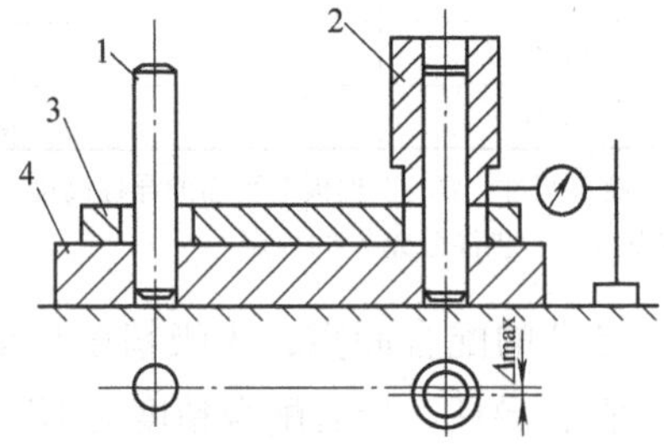 1—导柱　2—导套　3—上模板　4—下模板	压入导套时，将上模座反置在导柱上，然后套上导套并转动，用百分表检查导套压入部分内、外圆的同轴度，将最大偏差 $\Delta_{最大}$ 放在两导套中心连线的垂直位置
压入导套	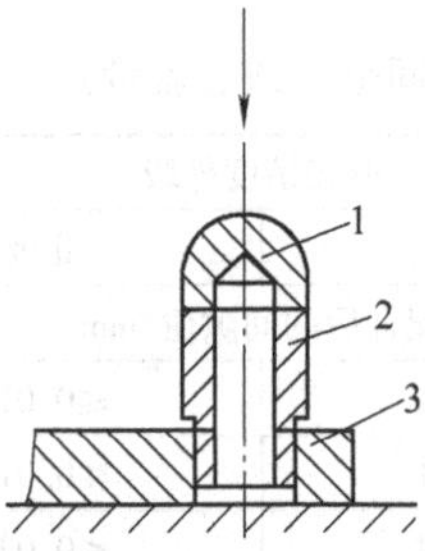 1—帽形垫块　2—导套　3—上模板	将帽形垫块置于导套上，在压力机上将导套压入上模板一段长度，取走下模部分，用帽形垫块将导套全部压入，模板端面低于上模板 1~3mm

表 2-9　压入法装配模架（以导套为基准件）

工　序	装配简图	工艺说明
选配导柱、导套		按模架精度等级选配导柱、导套，使其配合间隙值符合技术指标（H7/h6）
压入导套	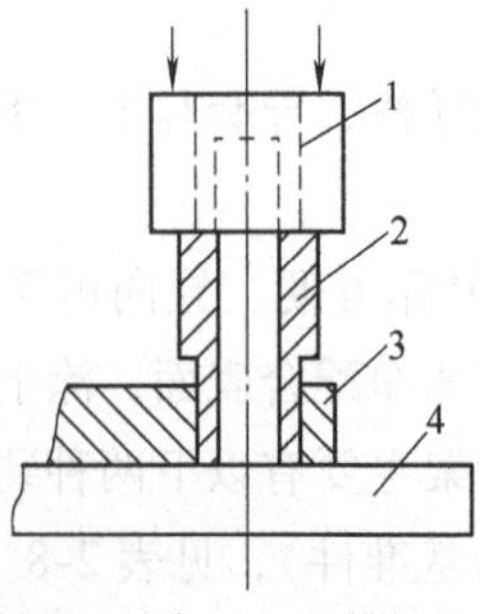 1—等高垫块　2—导套　3—上模板　4—专用工具	将上模板 3 放于专用工具 4 的平板上，平板上有两个与底面垂直、与导柱直径相同的圆柱，将导套分别装入两个圆柱上，垫上等高垫块 1，在压力机上将两导套压入上模座

（续）

工　序	装配简图	工艺说明
压入导柱	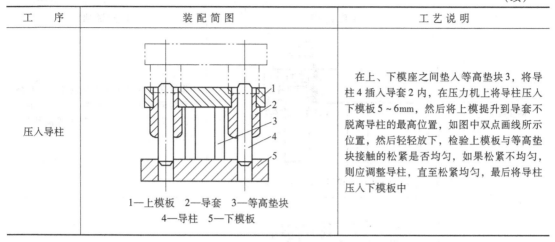 1—上模板　2—导套　3—等高垫块 4—导柱　5—下模板	在上、下模座之间垫入等高垫块3，将导柱4插入导套2内，在压力机上将导柱压入下模板5~6mm，然后将上模提升到导套不脱离导柱的最高位置，如图中双点画线所示位置，然后轻轻放下，检验上模板与等高垫块接触的松紧是否均匀，如果松紧不均匀，则应调整导柱，直至松紧均匀，最后将导柱压入下模板中

2）粘接法装配模架。粘接式模架的导柱和导套（或衬套）与模板以粘接的方式固定。粘接材料有环氧树脂粘接剂、低熔点合金和厌氧胶等。粘接式模架对上、下模板配合孔的加工精度要求较低，不需要精密设备，但模架的装配质量和粘接质量有关。

如图2-19所示，模架的导柱通过以锥面配合的衬套粘接在下模板上，导柱是可拆卸的。这种模架对上、下模板上孔的加工精度要求不高，不需要专门设备，但导柱的圆柱部分必须与圆锥部分同轴；对衬套的外圆要求不高，而对内锥孔锥面与导柱锥面的配合精度要求较高，并且衬套与下模板相接角的端面应与锥孔的轴线相垂直。导柱可卸式粘接法的装配工艺见表2-10。

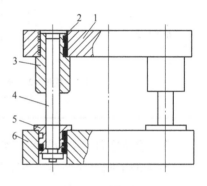

图2-19　粘接式模架

1—上模板　2—粘接剂　3—导套
4—导柱　5—衬套　6—下模板

表2-10　导柱可卸式粘接法的装配工艺

工　序	装配简图	工艺说明
选配导柱、导套		按模架精度等级选配导柱、导套
配磨导柱与衬套	1—导柱　2—衬套	先配磨导柱与衬套的锥度配合面，其吻合面积应在80%以上；然后将导柱与衬套装在一起，以导柱两端中心孔为基准磨削衬套 A 面，保证 A 面与导柱轴线的垂直度要求
清洗与去毛刺		首先锉去零件毛刺及棱边倒角，然后用汽油或丙酮清洗粘接零件的粘接表面，并进行干燥处理

（续）

工　序	装配简图	工艺说明
粘接衬套	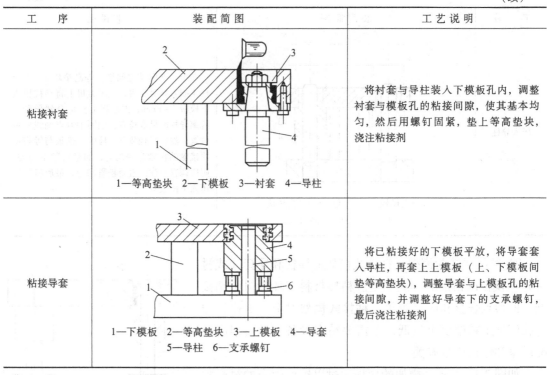 1—等高垫块　2—下模板　3—衬套　4—导柱	将衬套与导柱装入下模板孔内，调整衬套与模板孔的粘接间隙，使其基本均匀，然后用螺钉固紧，垫上等高垫块，浇注粘接剂
粘接导套	1—下模板　2—等高垫块　3—上模板　4—导套 5—导柱　6—支承螺钉	将已粘接好的下模板平放，将导套套入导柱，再套上上模板（上、下模板间垫等高垫块），调整导套与上模板孔的粘接间隙，并调整好导套下的支承螺钉，最后浇注粘接剂

3）滚动导向模架的装配。滚动导向模架与滑动导向模架的结构基本相同，如图 2-20 所示。两者的不同之处是导柱和导套之间装有滚珠，导柱、导套与滚珠采用过盈配合，过盈量为 0.005 ~ 0.02mm。其装配工艺过程与滑动导向模架的装配方法基本相同：先将导柱 3 压入下模座 2，并在导柱上套上弹簧 6 和钢球保持圈 5，再将导套 4 装入上模座 1 孔中，用压板 7（或压圈）、螺钉 8 固定，但不要将螺钉完全拧紧；然后使上、下模合模，待导柱连同钢球保持圈一并插入导套内后，再均匀地拧紧压板（或压圈）上的螺钉，将导套固定。安装完毕后，按技术条件逐一进行检查。

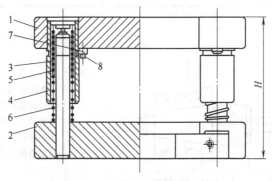

图 2-20　滚动导向模架的装配

1—上模座　2—下模座　3—导柱　4—导套　5—钢球保持圈　6—弹簧　7—压板　8—螺钉

（5）模架的检验　装配后的模架必须经过检测，检测内容主要包括模架的外观质量、模架上模板上平面对下模板下平面的平行度误差、导柱轴线对下模板下平面的垂直度误差、导套孔轴线对上模板上平面的垂直度误差以及导柱、导套之间的配合间隙等。

　　模架的分级技术指标应符合国家标准的规定。模架经检测后，对其进行分级，其技术标准见表2-11。不符合精度等级规定的模架不能列入等级标准。

表 2-11　滑动导向模架分级技术标准

被检测尺寸	检查项目	被检测尺寸/mm	精度等级		
			Ⅰ级	Ⅱ级	Ⅲ级
			公差等级		
A	上模板上平面对下模板下平面的平行度误差	≤400	6	7	8
		>400	7	8	9
B	导柱轴线对下模板下平面的垂直度误差	≤160	4	5	6
		>160	5	6	7
C	导套孔轴线对上模板上平面的垂直度误差	≤160	4	5	6
		>160	5	6	7

注：被测尺寸：A—上模板的最大长度尺寸或最大宽度尺寸；B—下模板上平面的导柱高度；C—导套孔延长心轴的高度。

　　模架的检测步骤见表2-12。

表 2-12　模架的检测步骤

检测项目	简　图	检测步骤
上模板上平面对下模板下平面的平行度误差		1. 将装配好的被测模架放在精密的平板上，中间垫以球面支持杆 2. 用指示表按规定的测量线测量被测表面 3. 指示表最大、最小读数值之差，即为模架上、下平面的平行度误差
导柱轴线对下模板下平面的垂直度误差		1. 用指示表对导柱进行测量 2. 指示表最大、最小读数值之差，即为导柱在两个方向的垂直度误差 Δ_x、Δ_y 3. 将 Δ_x、Δ_y 作矢量合成，即可求得最大误差，即 $$\Delta = \sqrt{\Delta_x^2 + \Delta_y^2}$$
导套孔轴线对上模板上平面的垂直度误差		1. 在导套孔内插入锥度为 0.015mm/200mm 的心轴 2. 测定的读数必须扣除或加上心轴 H 范围内锥度因素，即为测得 Δ_x、Δ_y 3. 将 Δ_x、Δ_y 作矢量合成，即可求得最大误差，即 $$\Delta = \sqrt{\Delta_x^2 + \Delta_y^2}$$

2. 模柄的装配

模柄是中、小型冲压模具上用来装夹模具与压力机滑块的连接件，它装配在上模座板中，常用的模柄装配方式有压入式模柄的装配、旋入式模柄的装配及凸缘模柄的装配。

（1）压入式模柄的装配　压入式模柄的装配如图 2-21 所示，在手动压力机或液压机上，将模柄 1 压入上模座 2 中，（模柄与上模座孔采用 H7/m6 的过渡配合），并加工出骑缝销钉孔（或螺钉）以防止转动，装配完后在平面磨床上将端面磨平。该模柄结构简单、安装方便，故应用较广泛。

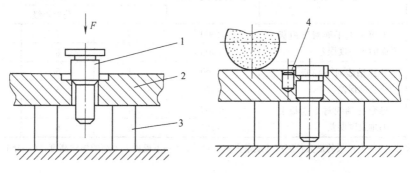

图 2-21　压入式模柄的装配

1—模柄　2—上模座　3—等高垫铁　4—骑缝销钉

（2）旋入式模柄的装配　旋入式模柄的装配如图 2-22 所示，它通过螺纹直接旋入上模座板中而固定，用紧定螺钉防松，装卸方便，多用于一般冲模。

（3）凸缘模柄的装配　凸缘模柄的装配如图 2-23 所示，它利用 3～4 个螺钉固定在上模座的窝孔内，其螺母头不能外凸，这种方式多用于较大的模具。

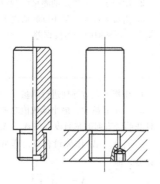

图 2-22　旋入式模柄的装配

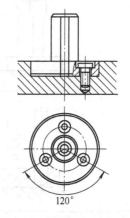

图 2-23　凸缘模柄的装配

以上三种模柄装入上模座后，必须保持模柄圆柱面与上模座上平面的垂直度，其误差不大于 0.05mm。

3. 凸、凹模组件的装配

凸、凹模与固定板的装配属于组装，是冲压模具装配中的主要工序，其质量直接影响着冲压模具的使用寿命及精度。常用凸、凹模组件的装配方法见表 2-13。

表 2-13　常用凸、凹模组件的装配方法

项　目	简　图	步　骤
凸模与固定板的铆接式装配	1—凸模　2—凸模固定板　3—等高垫块 凸模与固定板的配合常采用 H7/m6 或 H7/n6	凸模固定板 2 置于等高垫块 3 上；将凸模 1 放入固定板孔内，在压力机上慢慢压入，同时检查垂直度误差；用凿子和锤子将凸模端面铆合；在磨床上磨平端面及磨刃口面
凸模与固定板的压入式装配	凸模与固定板的配合常采用 H7/m6 或 H7/n6	将凸模固定板型孔台阶向上，放在两个等高垫块上，将凸模工作端向下放入型孔中并对正，压入时应经常检查垂直度误差，压入后以固定板的另一面做基准，将固定板及凸模底面一起磨平
凹模镶块与固定板的装配	凹模镶块与固定板的配合常采用 H7/m6 或 H7/n6	凹模镶块与固定板仍采用压入式装配，装配后在磨床上将组件的上、下平面磨平，并检验型孔中心线与平面的垂直度误差

2.4　冲压模具的总装配

1. 冲压模具装配的技术要求

（1）冲压模具总体装配的技术要求

1）模具各零件的材料、几何形状、尺寸精度、表面粗糙度及热处理等均需符合图样要求；零件的工作表面不允许有裂纹和机械伤痕等明显缺陷。

2）模具装配后，必须保证模具各零件间的相对位置精度，尤其是在制件的一些尺寸与多个零件有关时，必须予以特别注意。

3）装配后所有模具活动部位，应保证位置准确，配合间隙适当，动作可靠，运动平稳。固定零件应牢固可靠，在使用中不得出现松动和脱落。

4）选用或新制模架的精度等级应满足制件所需的精度要求。

第2章　冲压模具装配

5）上模板沿导柱上下移动应平稳，无卡滞现象；导柱和导套的配合精度应符合标准规定，且间隙均匀。

6）模柄圆柱部分与上模板上平面垂直，其垂直度误差在全长范围内不大于0.05mm。

7）所有凸模应垂直于固定板的装配基面。

8）凸模与凹模的间隙应符合图样要求，且沿整个轮廓上间隙要均匀。

9）被冲毛坯定位应准确、可靠、安全，排样和出件应畅通无阻。

10）应符合装配图上除上述要求外的其他技术要求。

（2）冲压模具零部件装配技术要求

1）模具外观技术要求见表2-14。

表2-14 模具外观技术要求

项 目	技 术 要 求
铸造表面	铸造表面应清理干净，使其光滑并涂以绿色、蓝色或灰色油漆，以使其美观
加工表面	模具加工表面应平整，无锈斑、锤痕、碰伤、焊补等，并应将除刃口、型孔口以外的锐边、尖角倒钝
其他	当模具质量大于25kg时，模具本身应装有起重杆或吊钩、吊环；模具的正面模板上应按照规定打刻编号、图号、制件号、使用压力机型号及制造日期等

2）工作零件装配后的技术要求见表2-15。

表2-15 工作零件装配后的技术要求

装 配 部 位	技 术 要 求
凸模、凹模的侧刃口与固定板安装基面	当刃口间隙 ≤0.06mm 时，在100mm的长度上，垂直度公差 <0.04mm 当0.06mm< 刃口间隙≤0.15mm 时，在100mm的长度上，垂直度公差 <0.08mm 当刃口间隙 >0.15mm 时，在100mm的长度上，垂直度公差 <0.12mm
凸模（凹模）与固定板	凸模、凹模与固定板装配后，其安装尾部与固定板安装面必须在平面磨床上磨平，表面粗糙度值为 $Ra1.6 \sim 0.80\mu m$ 对于多个凸模，其工作部分高度的相对误差不大于0.1mm 对于拼块的凸模或凹模，其刃口两侧平面应光滑一致，无接缝感觉。对弯曲、拉深、成形模的拼块凸模或凹模工作表面，其接缝处的不平度也不大于0.02mm

3）紧固件装配后的技术要求见表2-16。

表2-16 紧固件装配后的技术要求

紧固件名称	技 术 要 求
螺栓（螺钉）	螺栓装配后必须拧紧，不许有任何松动 螺纹旋入长度在钢件连接时不小于螺栓的直径；铸件连接时不小于螺栓直径的1.5倍
圆柱销	定位圆柱销与销孔的配合松紧适度 圆柱销与每个零件的配合长度应大于直径的1.5倍

4）凸、凹模间隙的技术要求见表2-17。

表 2-17 凸、凹模间隙的技术要求

模具类型	技术要求
冲裁凸、凹模	冲裁凸、凹模的配合间隙必须均匀，其误差不大于规定间隙的 20% 局部尖角或转角处不大于规定间隙的 30%
压弯、成形、拉深类凸、凹模	装配后配合间隙必须均匀。其偏差值最大不超过料厚 + 料厚的上极限偏差；最小值不超过料厚 + 料厚的下极限偏差

5）顶出、卸料件装配技术要求见表 2-18。

表 2-18 顶出、卸料件装配技术要求

项　目	技术要求
卸料板、推件板	冲压模具装配后，其卸料板、推件板、顶板、顶圈均应露出凹模面、凸模顶端、凸凹模顶端 0.5 ~ 1mm
弯曲模顶件板	弯曲模顶件板装配后，应处于最低位置。当料厚为 1mm 以下时公差为 0.01 ~ 0.02mm；当料厚大于 1mm 时，公差为 0.02 ~ 0.04mm
顶杆、推杆	顶杆、推杆的长度在同一模具装配后应保持一致，公差小于 0.1mm
卸料螺钉	在一副模具内，卸料螺钉应选择一致，以保持卸料板的压料面与模具安装基准面的平行度公差在 100mm 长度内不大于 0.05mm
螺杆孔、推杆孔	除图样上有标注外，一律在坐标中心，其允许偏差对于有导向模架应不大于 1mm，对于铸件底面应不大于 2mm

6）导向零件装配技术要求见表 2-19。

表 2-19 导向零件装配技术要求

装配部位	技术要求
导柱压入模板的位置	导柱压入模板后的垂直度在 100mm 长度范围内的公差为 滑动导柱Ⅰ类模架：≤0.01mm 滑动导柱Ⅱ类模架：≤0.015mm 滑动导柱Ⅲ类模架：≤0.02mm 滚珠导柱类模架：≤0.005mm
导料板	导料板的导料面应与凹模进料中心线平行，在 100mm 长度范围内：对于一般冲裁模，其公差不大于 0.05mm；对于连续模，其公差不大于 0.02mm；左、右导板导向面之间的平行度公差应不大于 0.02mm
斜楔及滑块导向装置	模具利用斜楔、滑块等零件做多方向运动结构，其相对斜面必须吻合，在 100mm 长度范围内，预定方向的偏差不大于 0.03mm 导滑部分必须滑动正常，不能有阻滞现象发生

7）模板间的平行度技术要求。模具装配后，上模板上平面与下模板下平面间的平行度公差见表 2-20。

表 2-20　平行度公差

模 具 类 型	刃口间隙/mm	凹模尺寸（长度＋宽度或直径的 2 倍）/mm	300mm 长度范围内的平行度公差
冲裁模	≤0.06	—	0.06
	>0.06	≤350	0.08
		>350	0.10
其他模具	—	≤350	0.10
		>350	0.14

8）模柄装配技术要求见表 2-21。

表 2-21　模柄装配技术要求

装 配 部 位	技 术 要 求
直径与凸台高度	按图样要求加工
模柄相对上模板的位置	模柄对上模板的垂直度公差在 100mm 长度范围内不大于 0.05mm

9）模具的闭合高度。装配好的冲压模具，其闭合高度应符合图样所规定的要求。模具闭合高度的公差值见表 2-22。

表 2-22　闭合高度的公差值

模具的闭合高度	公 差 值
≤200	+1 −3
>200 ~ 400	+2 −5
>400	+3 −7

注：冲裁类冲模与拉深类冲模联合安装时，闭合高度应以拉深类冲模为准；冲裁类冲模凸模进入凹模刃口的进入量应不小于 3mm。

2. 冲压模具装配顺序的选择原则

对于一般冲压模具而言，在装配前，应先选择基准件，原则上按照模具主要零件加工时的依赖关系来确定。可作为装配时基准件的有导板、固定板、凸模及凹模等，其选择原则如下：

1）以导板（卸料板）作为基准件进行装配时，应通过导板的导向将凸模装入固定板，再装上模板，最后装下模中的凹模及下模板。

2）对于连续模（级进模），为了便于准确调整步距，在装配时应先将拼块凹模装入下模板，然后以凹模为定位反装凸模，并将凸模通过凹模定位装入凸模固定板中。

3）合理控制凸、凹模间隙，并使间隙在各个方向上均匀。在装配时，如何控制凸、凹模间隙，要根据冲压模具的结构特点、间隙值的大小、装配条件及操作者的技术水平，并结合实际经验而定。

4）冲压模具装配后一般要进行试冲。在试冲时若发现问题，则应进行必要的调整，直到冲压出合格的零件为止。

在一般情况下，当模具零件装入上、下模时，应先安装基准件，然后通过基准件依次安装其他零件。安装完毕经检查无误后，可以先钻、铰销钉孔，拧入销钉，但不要拧紧，以便于试模时调整，待试模合格后，再将其拧紧。

3. 冲压模具的装配顺序

冲压模具的装配主要是保证凸模和凹模对中，使其间隙均匀，在此基础上选择一个正确的装配方法和装配顺序。冲压模具的装配顺序通常是看上、下模部分的主要零件中，哪一个位置所受的限制大，就作为装配的基准件先装，并以它为基准调整另一个零件的位置。因此，一般冲压模具的装配顺序如下。

（1）无导向装置的冲压模具　由于凸模和凹模之间的间隙是在将模具安装到机床上以后进行调整的，所以上、下模部分的装配顺序没有严格要求，可以对上、下模部分分别进行装配。

（2）有导向装置的冲压模具　装配时，先装基准件，再以其为基准装配有关零件，然后调整凸模、凹模之间的间隙，保证间隙均匀，最后安装其他辅助零件。如果凹模装在下模板上，则一般先装下模部分较为方便。

（3）有导柱的复合模　一般先安装上模部分，再借助上模的冲孔凸模和落料凹模孔，找正下模部分凸凹模的位置并调整好间隙后，固定下模部分。

（4）有导柱的连续模　为了便于调整准确步距，在装配时应先将凹模装入下模板，然后再以凹模为基准件安装上模部分。

4. 冲压模具装配方法及工艺过程

冲压模具装配就是按照冲压模具设计总装配图，把所有零件连接起来，使之成为一个整体，并能达到所规定的技术要求的一种装配工艺。

（1）装配方法　冲压模具的装配方法大致分为配作装配法和直接装配法。

1）配作装配法。配作时测定各零件的位置，并在决定配合零件位置后进行装配，因此装配后的位置精度在很大程度上依赖于操作者的技能。此方法是传统的制模方法，其优点如下：

① 即使没有数控机床等高精度设备，也能制造出高精度模具。

② 由于装入时相互配合，因此可以减少综合误差。

③ 在加工零件时，只需对与装配基准有关的必要部分（如凹模等）进行高精度加工，其他零件则可以采用经济精度加工。

④ 减少零件加工时的废品，节约成本。

该方法的缺点如下：

① 装配时耗费的工时较多。

② 依据装配钳工技能的不同，装配后的精度也不一样。

③ 在维修保养时，精度的重复性较差。

④ 难以有效地利用数控机床等高精度设备。

2）直接装配法。所有零件都经过单件加工（包括安装孔），装配时只要将各零件装在一起即可。此方法的优、缺点与第一种方法刚好相反。从目前所制造的模具种类、质量要求、加工设备及加工技术考虑，一般采用由两种方法相结合的中间方法，但随着模具加工的高精度化、机械化及自动化的推进，今后的制模方法必然向第二种方法靠拢。

（2）冲压模具装配工艺过程

1）装配前的准备工作。

① 熟悉装配工艺规程，掌握模具验收标准。

② 分析并熟悉模具装配图。装配图是冲压模具装配的重要依据。在装配图上，一般绘制有模具的正面剖视图、固定部分（下模）的俯视图及活动部分（上模）的仰视图；对于结果复杂的模具，还会有辅助视图。在正面剖视图上标有模具的闭合高度；在装配图的右上方，绘制有冲压制件的形状、尺寸及排样方法；在装配图的右下方，标明模具在工艺方面及设计方面的说明和对装配工作的技术要求。例如，凸、凹模的配合间隙，模具的最大修磨量及加工时的特殊要求等；在技术要求下面还列有模具零件明细表。

通过对模具装配图的分析研究，可以深入了解模具的结构特点和工作性能，了解模具中各个零件的作用和相互之间的位置关系、配合要求及连接方式，从而确定合理的装配基准、装配顺序和装配方法，并结合工艺规程制订出装配工艺方案。

2）布置工作场地，清理检查零件。

① 根据模具结构和装配方法确定工作场地，工作场地必须干净整洁，不应有任何杂物。同时要将必需的工具、夹具、量具及所需的装备准备好，并要将其擦拭干净。

② 根据模具装配图和零件明细表清点和清洗零件，并仔细检查主要工作零部件的数量、外观、形状、加工精度和表面质量。同时应根据装配图的要求，准备好装配所需的螺钉、销钉、弹簧及相应的辅助材料，如橡胶、低熔点合金、环氧树脂、无机黏结剂等。

3）装配过程中的工作。

① 对模具的主要零部件进行装配。冲压模具主要零部件的装配是指凸、凹模的装配，凸、凹模与固定板的装配，以及上、下模座的装配等。

② 模具的总装配。选择好装配的基准件，并安排好上、下模部分的装配顺序，然后进行模具的总装配。装配时，应调整好各配合部位的位置和状态。严格按照所规定的各项技术要求进行装配，以保证装配质量。

4）模具的检验与调试。检验是一项重要且不可缺少的工作，它贯穿于整个工艺过程之中，在单个零件加工之后、组件装配之后以及总装配完工之后，都要按照工艺规程的相应技术要求进行检验，其目的是控制和减小每个环节的误差，最终保证模具整体装配的精度要求。

模具装配完工后经过检验，认定在质量上没有问题后，便可以安排试模，通过试模检查是否存在设计与加工等技术上的问题，并随之进行相应的调整或修配，直到使制件产品达到质量标准时，模具才算合格。

5. 冲裁模具装配实例

图 2-24 所示为单工序导柱式落料模，冲裁材料为 08 碳素结构钢，厚度为 2mm。该模具的装配过程如下。

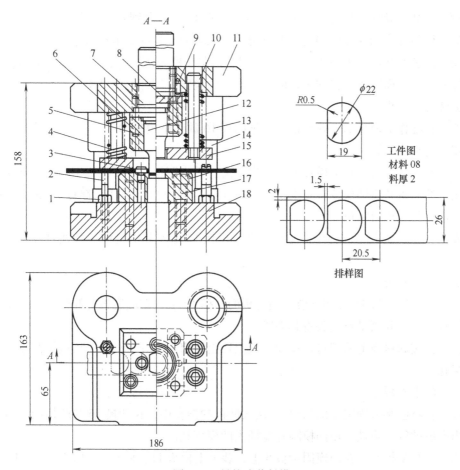

图 2-24　导柱式落料模

1—螺母　2—螺钉　3—挡料销　4—弹簧　5—凸模固定板　6—销钉　7—模柄　8—垫板
9—止动销　10—卸料螺钉　11—上模板　12—凸模　13—导套　14—导柱　15—卸料板
16—凹模　17—内六角圆柱头螺钉　18—下模板

（1）装配前的分析　如图 2-24 所示的冲模在使用时，下模板部分被压紧在压力机的工作台上，是模具的固定部分；上模板部分通过模柄和压力机的滑块连为一体，是模具的活动部分。模具工作时，安装在活动部分和固定部分上的模具工作零件必须保持正确的相对位置，这样才能使模具获得正常的工作状态。装配模具时，为了方便地将上、下两部分的工作零件调整到正确位置，使凸、凹模具有均匀的冲裁间隙，应正确安排上、下模部分的装配顺序。

（2）确定上、下模部分的装配顺序　该模具属于有导向装置的单工序冲裁模具，且凹模装在下模板上，所以下模板为装配基准件。装配时，先装下模较为方便，再以其为基准装配有关零件，然后调整凸、凹模间的间隙，保证间隙均匀，最后安装其他辅助零件。

（3）组件装配

步骤一：装配模柄。在手动或液压机上，将模柄 7 压入上模板 11 内，并加工出骑缝销钉孔，将止动销 9 装入后，再反过来在平面磨床上将模柄端面与上模板的底面磨平。

步骤二：装配导柱、导套。在上模板 11、下模板 18 上分别安装导套 13、导柱 14，并注意安装后导柱与导套的间隙要均匀，上下滑动时无阻滞、发涩及卡住现象。

步骤三：装配凸模。采用压入法将凸模 12 装在凸模固定板 5 内，检查凸模的垂直度误差。装配后，在平面磨床上将固定板的上平面与凸模安装尾部端面磨平。

（4）装配下模板

步骤一：配作下模板的螺孔和销孔。把凹模 16 放在下模板 18 上，按中心线找正凹模的位置，用平行夹头夹紧，

步骤二：通过螺钉孔在下模板上配钻出锥窝。拆去凹模，在下模板上按锥窝钻螺纹底孔并攻螺纹；然后重新将凹模放置在下模板上校正，并用内六角圆柱头螺钉 17 紧固。配钻铰销钉孔，最后打入销钉定位。

步骤三：在凹模 16 上安装挡料销 3，在下模板 18 上安装挡料柱（即通过螺母 1 将螺钉 2 紧固在下模板上）。

（5）初装卸料板

步骤一：将卸料板 15 套在已装入固定板的凸模 12 上，在固定板与卸料板之间垫入适当高度的等高垫铁，并用平行夹头将其夹紧。

步骤二：按卸料板上的螺钉孔在固定板上钻出锥窝，拆开平行夹头后按锥窝钻固定板上的螺钉穿孔。

（6）装配上模板

步骤一：将已装入固定板的凸模 12 插入凹模的型孔中。在凹模 16 与凸模固定板 5 之间垫入适当高度的等高垫铁，使凸模刚好能插入凹模型孔内。

步骤二：将垫板 8 放在凸模固定板 5 上，装上上模板 11，使导柱 14 配入导套 13 中。调整凸、凹模的相对位置后，用平行夹头将上模板 11、垫板 8 和凸模固定板 5 夹紧。

步骤三：通过凸模固定板在上模板 11 上钻锥窝，拆开后按锥窝钻孔。然后用销钉 6 稍加紧固上模板、垫板、凸模固定板。

（7）调整凸、凹模的配合间隙　在凹模上铺上一定厚度的塑料薄膜，将装好的上模部分套在导柱上，用锤子轻轻敲击固定板的侧面，使凸模插入凹模的型孔中，再将模具翻转，用透光调整法调整凸、凹模的配合间隙。由于塑料薄膜可延伸，不易被切断，因此能使配合间隙均匀。

（8）装入卸料板　将卸料板 15 套在凸模上，装上弹簧 4 和卸料螺钉 10，装配后要求卸料板运动灵活并保证在弹簧作用下卸料板处于最低位置时，凸模的下端面缩进卸料板孔内 0.3~0.5mm。

（9）试模　冲模装配完成后，在生产条件下进行试冲，可以发现模具在设计和制造时存在的一些问题。通过调整与修配，最终保证冲模能冲出合格的制件。

6. 复合模的装配

复合模是在压力机一次行程中，可以在冲裁模的同一个位置上完成冲孔和落料等多个工序的模具。其结构特点主要表现在它必须具有一个外缘可做落料凹模，内孔可做冲孔凸模的复合式凸凹模，它既是落料凹模又是冲孔凸模。根据落料凹模位置的不同，分为正装复合模

和倒装复合模。相对于单工序冲裁模来说，复合模的结构要复杂得多，其主要工作零件（凸模、凹模、凸凹模）数量多，上、下模部分都有凸模和凸凹模，给加工和装配增加了一定难度。

（1）复合模的装配要求

1）必须保证主要工作零件（凸模、凹模、凸凹模）和相关零件（如顶件器、推件板）的加工精度。

2）装配时，要保证凸模和凹模之间的间隙均匀一致。

3）如果是依靠压力机滑块中横梁的打击来实现推件，则推杆机构推力合力的中心应与模柄中心重合。为保证推件机构工作可靠，推件机构的零件（如顶杆）在工作中不得歪斜，以防止工件和废料推不出，导致小凸模折断。

4）下模中设置的顶件机构应有足够的弹力，并保持工作平稳。

复合模选用装配方法和装配顺序的原则与单工序冲裁模基本相同，但具体装配技巧应根据具体的模具结构而确定。

（2）复合模的装配顺序　对于导柱复合模，一般先装上模部分，然后找正下模部分中凸凹模的位置，按照冲孔凸模型孔加工出排料孔。这样既可以保证上模部分中推件装置与模柄中心对正，又可避免排料孔错位。然后以凸凹模为基准分别调整冲孔凸模与落料凹模的冲裁间隙，并使之均匀，最后安装其他辅助零件。复合模的装配分为配作装配法和直接装配法两种方法。使用配作法装配复合模的主要工艺过程如下：

1）组件装配。模具总装配前，对主要零件（如模架、模柄、凸模等）进行组装。

2）总装配。先装上模部分，然后以上模部分为基准装配下模部分。

3）调整凸凹模间隙。

4）安装其他辅助零件。安装调整卸料板、导料板、挡料销及卸料橡皮等辅助零件。

5）检查。模具装配完毕后，应对模具各部分作一次全面检查，如模具的闭合高度、卸料板卸料状况、漏料孔及退件系统作用情况、各部位螺钉及销钉是否拧紧以及按图样检查有无漏装错装的地方。然后可试切打样，进行检查、修正。

（3）复合模装配实例　复合模结构紧凑，内、外型表面相对位置精度要求高，冲压生产率高，对装配精度的要求也高。图2-25所示为落料冲孔复合模，其材料为Q235普通碳素钢，厚度为1mm。该模具的装配过程如下。

1）装配前的分析。图2-25所示复合模在使用时，下模板部分被压紧在压力机的工作台上，是模具的固定部分；上模板部分通过模柄和压力机的滑块连为一体，是模具的活动部分。模具工作时，安装在活动部分和固定部分上的模具工作零件必须保持正确的相对位置，这样才能使模具获得正常的工作状态。装配模具时，为了方便地将上、下两部分的工作零件调整到正确位置，使凸、凹模具有均匀的冲裁间隙，应正确安排上、下模的装配顺序。

2）确定装配顺序。该模具属于有导向装置的落料冲孔复合模，且凸凹模装在下模板上。所以一般先装上模部分，然后找正下模中凸凹模的位置，按照冲孔凹模型孔加工出排料孔。这样既可以保证上模中推件装置与模柄中心对正，又可以避免排料孔错位。而后，以凸凹模为基准件分别调整冲孔与落料的冲裁间隙，并使之均匀，最后安装其他辅助零件。

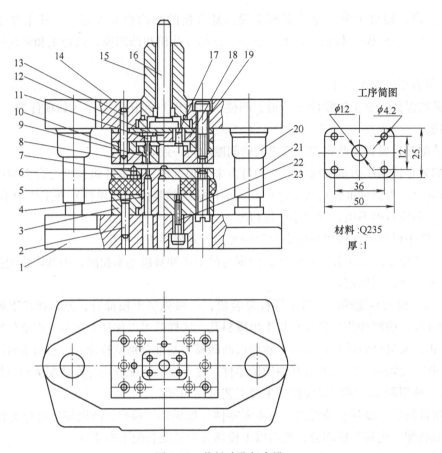

图 2-25　落料冲孔复合模

1—下模板　2、13—定位销　3—凸凹模固定板　4—凸凹模　5—橡胶　6—卸料板　7—定位销

8—凹模　9—推板　10—空心垫板　11—凸模　12—垫板　14—上模板　15—模柄　16—打料杆

17—顶料销　18—凸模固定板　19、22、23—螺钉　20—导套　21—导柱

3）组件装配。组件可按下列步骤进行装配：

步骤一：组装模架。将导套 20 与导柱 21 压入上、下模板，导柱、导套之间要滑动平稳，无阻滞现象，保证上、下模板之间的平行度要求。

步骤二：组装模柄。采用压入式装配，将模柄 15 压入上模板 14 中，再钻、铰骑缝销钉孔，压入圆柱销，然后磨平模柄大端面。要求模柄与上模板孔的配合为 H7/m6，模柄的轴线必须与上模板的上平面垂直。

步骤三：组装凸、凹模。凸模和凹模与固定板的装配方法，在复合冲裁模中最常见的是紧固件法和压入法。将凸模 11 压入凸模固定板 18，保证凸模与固定板垂直，并磨平凸模底面。然后放上凹模 8，磨平凸模和凹模刃口面。

步骤四：将凸凹模 4 装入凸凹模固定板 3 内，成为凸凹模组件。保证凸凹模与固定板垂直，并磨平底面。

4）装配上模部分。将上述组件安装完毕，经检查无误后，可按下列步骤进行上模部分的装配。

步骤一：检查上模各个零件的尺寸是否满足装配技术条件要求。

步骤二：装配上模，调整冲裁间隙。将上模系统各零件分别装于上模板14和模柄15孔内，用平行夹板将落料凹模8、空心垫板10、凸模组件、垫板12和上模板14轻轻夹紧，然后调整凸模组件和凸凹模4及冲孔凹模的冲裁间隙，以及调整落料凹模8和凸凹模4及落料凸模11的冲裁间隙。

步骤三：钻、铰上模销孔和螺孔。用平行夹板夹紧上模部分，在钻床上以凹模8上的销孔和螺钉孔作为引钻孔，钻、铰销孔和螺钉孔，然后安装定位销13和螺钉19。

5）装配下模部分。

步骤一：安装凸凹模组件，加工下模板漏料孔。确定凸凹模组件在下模板1上的位置，然后用平行夹板将凸凹模组件和下模板1夹紧，在下模板上划出漏料孔线。

步骤二：加工漏料孔。下模板漏料孔尺寸应比凸凹模漏料孔尺寸单边大0.5~1mm。

步骤三：安装凸凹模组件。在下模板上重新找正定位凸凹模组件，并用平行夹板将其夹紧；铰销孔、螺孔，安装定位销2和螺钉23。

6）安装弹压卸料部分。

步骤一：安装弹压卸料板。将弹压卸料板6套在凸凹模4上，在弹压卸料板和凸凹模组件端面垫上平行垫铁，保证弹压卸料板端面与凸凹模上平面的装配位置尺寸，用平行夹板将弹压卸料板和下模夹紧。

步骤二：安装卸料橡胶和定位销。在凸凹模组件和弹压卸料板上分别安装卸料橡胶5和定位销7，拧紧卸料螺钉22。

7）调整凸、凹模间隙。采用切纸法调整冲裁模间隙的步骤如下：

步骤一：合拢上、下模，以凸凹模为基准，用切纸法精确找正冲孔凸模的位置。如果凸模与凸凹模的孔对得不正，可轻轻敲打凸模固定板，利用螺钉过孔的间隙进行调整，直至间隙均匀。然后钻、铰销钉孔，打入定位销13定位。

步骤二：用同样的方法精确找正落料凹模的位置，保证间隙均匀后，钻、铰销钉孔，打入圆柱销定位。

步骤三：再次检查凸、凹模间隙，如果因钻、铰销钉孔而引起间隙不均匀，则应取出定位销再次调整，直至间隙均匀为止。

8）安装其他辅助零件。

9）模具装配完毕后，应对模具各个部分作一次全面检查。如模具的闭合高度、卸料板上的定位销与凹模上的避让孔是否有问题，模具零件有无错装、漏装，以及螺钉是否都已拧紧等。

7. 级进模的装配

级进模对步距精度和定位精度要求比较高，装配难度大，对零件的加工精度要求也比较高。

（1）装配要点

1）凹模上各型孔的相对位置及步距须加工正确、装配准确，否则冲压制件将很难达到规定要求。

2）凹模型孔板、凸模固定板和卸料板，三者的型孔位置尺寸必须一致，即装配后各组型孔三者的中心线一致。

3）各组凸、凹模的冲裁间隙均匀一致。

（2）装配顺序 级进模的结构多数采用镶拼形式，由若干块拼块或镶块组成。为了便于调整准确步距和保证间隙均匀，装配时先将拼块凹模的步距调整准确，并进行各组凸、凹模的预配，检查间隙均匀程度，修正合格后再把凹模压入固定板。然后把固定板装入下模，以凹模定位装配凸模，再把凸模装入上模，待用切纸法试冲达到要求后，用销钉定位固定，最后装入其他辅助零件。

级进冲压模应该以凹模为装配基准件，其凹模分为两大类：整体凹模和拼块凹模。整体凹模各型孔的孔径尺寸和型孔位置尺寸在零件加工阶段已经保证；拼块凹模的每一个凹模拼块虽然在零件加工阶段已经很精确了，但是装配成凹模组件后，各型孔的孔径尺寸和型孔位置尺寸不一定符合规定要求。因此，必须在凹模组件上对孔径和孔距尺寸进行重新检查、修配和调整，并与各凸模实配和修整。

（3）凹模组装实例 图 2-26 所示凹模组件的组装过程如下。

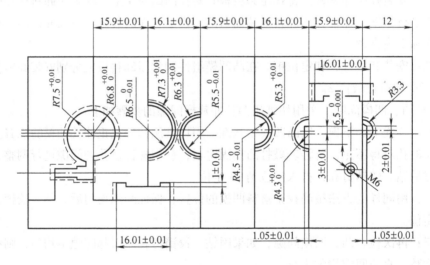

图 2-26 凹模组件

该凹模组件由 9 个凹模拼块和 1 个凹模模套拼合而成，形成了 6 个冲裁工位和 2 个侧刃孔，各个凹模拼块都以各型孔中心分段，即拼块宽度尺寸等于步距尺寸。

步骤一：初步检查修配凹模拼块。组装前检查修配各个凹模拼块的宽度尺寸（即步距尺寸）、型孔孔径和位置尺寸，并要求凹模、凸模固定板和卸料板的相应尺寸一致。

步骤二：按图示要求拼接各凹模拼块，并检查相应凸模和凹模型孔的冲裁间隙，不妥之处应进行修配。组装凹模组件，将各凹模拼块压入模套（凹模固定板），并检查实际装配过盈量，若存在不当之处，则修整模套，然后将凹模组件上、下面磨平。

步骤三：检查修配凹模组件。再次检查凹模组件各型孔的孔径和孔距尺寸，发现不当之处时进行修配，直至达到图样规定要求。

说明：在组装凹模组件时，应先压入精度要求高的凹模拼块，后压入易保证精度要求的凹模拼块。例如，对于有冲孔、冲槽、弯曲和切断的级进模，可先压入冲孔、冲槽和切断凹模拼块，然后压入弯曲凹模拼块。视凹模拼块和模套拼合结构的不同，也可按排列顺序，依次压入凹模拼块。

（4）凸模的组装　级进模中各个凸模与凸模固定板的连接方式，依据模具结构不同，有压入法固定、低熔点合金浇注或黏结剂粘接法等。

一般先压入容易定位，且压入后又能作为其他凸模压入安装基准的凸模，再压入难定位的凸模。当各凸模对装配精度要求不同时，先压入装配精度要求高和较难控制装配精度的凸模，再压入容易保证装配精度的凸模。如不属上述两种情况，则对压入顺序无严格的要求。

图 2-27 所示为压入法固定多凸模。先压入半圆凸模 6 和 8（连同垫块 7 一起压入），是因为其压入容易定位，而且稳定性好；再依次压入半环凸模 3、4 和 5；然后压入侧刃凸模 10 和落料凸模 2；最后压入冲孔圆凸模 9。压入时要检查凸模的垂直度误差，凸模与卸料板型孔的配合状态以及固定板和卸料板的平行度误差，最后磨削凸模组件的上、下端面。

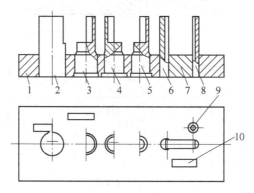

图 2-27　压入法固定多凸模

1—凸模固定板　2—落料凸模　3、4、5—半环凸模　6、8—半圆凸模

7—垫块　9—冲孔圆凸模　10—侧刃凸模

（5）级进模装配实例　图 2-28 所示为冲制方螺母连续级进模，其装配可按下述步骤进行：

步骤一：装配下模。首先按下模板 1 的中心线找正凹模 3 的位置，通过凹模螺钉过孔钻下模板 1 的螺钉过孔。再将凹模 3、卸料板 5、导料板 4、下模板 1 按各自位置用螺钉紧固，钻、铰销钉孔（以凹模预先制好的销孔导模），打入销钉定位。

步骤二：组装凸模。按前述凸模的组装工艺过程装配各凸模，依次压入凸模固定板 12 中，并用平面磨床磨平各凸模刃口。

步骤三：将凸模固定板与装好的下模合模，使各凸模进入相应的凹孔内，并用等高垫铁在卸料板 5 和凸模固定板 12 间垫起。然后装上模板 7，调好位置后，通过固定板 12 的螺钉孔导模上模板 7。

步骤四：拆下上模板 7，钻螺孔后与上垫板 10、凸模固定板 12、卸料板 5 连接，用螺钉紧固，但不要很紧。

步骤五：调整间隙。将上、下模合模，检查并调整各凸、凹模的相应间隙值。调整合适后，拧紧上模板螺钉，再通过固定板销孔，钻、铰上模板销孔，并打入销钉。

步骤六：安装其他辅件，如托料板 14、限位钉等。

步骤七：装配后进行总体试切、检查。

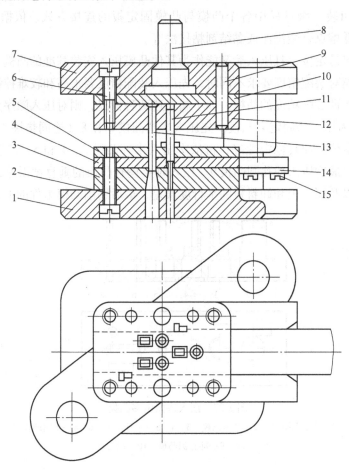

图 2-28　冲制方螺母连续级进模

1—下模板　2、6—内六角圆柱头螺钉　3—凹模　4—导料板　5—卸料板　7—上模板　8—模板　9—圆柱销
10—上垫板　11—凸模　12—凸模固定板　13—侧刃凸模　14—托料板　15—螺钉

2.5　弯曲模和拉深模的装配特点

1. 弯曲模的装配特点

一般弯曲模没有固定的结构形式，其结构设计也没有冲裁模具那样的典型组合可供参考。一个简单的四角形弯曲件可以采用一次弯曲完成或多次弯成，模具设计可能很简单，也可能很复杂。这就要求了解弯曲模的结构，依据弯曲件的材料性能、尺寸精度及生产批量要求，选择合理的工序方案，来确定弯曲模的结构形式。

（1）弯曲模的特点　弯曲模的作用是使坯料在塑性变形范围内进行弯曲，由弯曲后材料产生的永久变形，获得所要求的形状。与冲裁模相比，弯曲模具有以下特点：

1）在弯曲工艺中，由于材料回弹的影响，弯曲件会有回弹，使弯曲件在模具中弯曲的形状与取出后的形状不一致，从而影响了弯曲件的形状及尺寸要求。又因回弹的影响因素较多，在制造弯曲模时，必须考虑弯曲件的回弹并加以修正。制造时，常用试模的回弹修正凸模（或凹模），修正值的大小根据经验或反复试模而定。为了便于修正凸模和凹模，在试模合格后，才对凸模、凹模进行热处理。

2）弯曲模的导柱、导套的配合要求低于冲裁模。

3）凸模与凹模工作部分的表面精度要求高，一般应进行抛光，表面粗糙度值小于 $Ra0.63\mu m$。

4）装配时可按冲裁模的装配方法进行装配，借助样板或样件调整间隙。

5）若选用卸料弹簧或橡皮，则一定要保证弹力，一般在试模时确定。

6）试模的目的不仅是找出模具的缺陷加以修正和调整，还是为了最后确定制件的毛坯尺寸。

（2）弯曲模的调整与修正　弯曲模试模的常见问题及其解决办法如下：

1）弯曲角度不合要求。工件回弹太大会使工件弯曲角度不足，此时，需要对弯曲角度进行修正，增加弯曲角度。在实际生产中，还应通过正确调整压力机滑块的下止点位置，保证弯曲模加工出来的工件符合要求。例如，当发现弯曲角度不足时，应把滑块下止点调低些，使弯曲时的凸模对材料的顶弯力大一些，以便增大弯曲角度。

2）弯曲件位置偏移。产生偏移后，会使弯曲件各部分相互位置的尺寸精度受影响。产生这种情况的原因主要是弯曲毛坯在弯曲模上定位不准确；凹模入口两侧圆角大小不等；没有压料装置或压料力不足等。修正的办法是增加定位销、导正销或定位板；修磨弯曲模两侧入口，使其圆角大小一致；增加压料块等。

2. 拉深模的装配特点

（1）拉深模的特点　拉深是使金属板料（或空心坯料）在模具作用下产生塑性变形，变成开口的空心制件的工艺。和冲裁模相比，拉深模具有以下特点：

1）拉深凹模圆角的正确值应根据试冲来确定。凹模圆角在开始时通常不宜做得太大，应通过试模逐渐修磨加大圆角，直到加工出合格工件为止。

2）拉深模凸、凹模工作部分的表面粗糙度值要求较小，一般为 $Ra0.32\sim0.04\mu m$。

3）受材料弹性变形的影响，即使拉深模的组成零件制造得很精确，装配得很好，拉深出的制件也不一定合格，通常要对模具进行修正加工。

4）可按冲裁模的装配方法进行装配，借助样板或样件调整间隙。

（2）拉深模的调整与修正　由于毛坯尺寸、毛坯材料性能、润滑等方面的影响，拉深模试模时工件质量常出现一些问题。从模具角度考虑，解决方法如下：

1）拉深件起皱。若拉深件起皱，则需要增大压边力，减少拉深模间隙，减少凹模圆角半径。

2）拉深件破裂。若拉深时工件破裂，则可采取加大拉深模间隙，加大凹模圆角半径，减小凹模圆角部分表面粗糙度值等措施。

3）拉深件尺寸不合要求。拉深件可能出现侧壁鼓凸、高度过大的情况。若凸、凹模之间的间隙过大，则会使拉深件侧壁鼓凸；若间隙过小，则会使材料变薄，导致拉深件高度太大。所以应分别修正凸、凹模，使其保持合理间隙。

4）拉深件表面质量差。若发现拉深件表面有拉痕等缺陷，则应检查凸、凹模之间的间隙是否均匀并加以修正。同时，应清洁模具表面、毛坯表面以及注意润滑剂的清洁。另外，应进一步修正凹模圆角，使圆弧与直壁部分连接良好，并减小圆角处的表面粗糙度值。

5）拉深件底部凸起。产生此问题的原因可能是空气被封闭在底部，解决办法是可在凸模上开设气孔。

2.6 冲压模具装配技能训练

训练项目一 单工序冲裁模的装配

本项目是装配图 2-29 所示的冲孔模。要求学生了解冲孔模装配的全过程，掌握单工序冲裁模的装配技能。

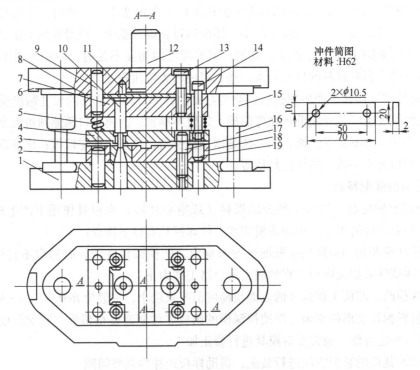

图 2-29 冲孔模具装配图

1—下模板 2—凹模 3—定位板 4—弹压卸料板 5—弹簧 6—上模板 7、18—固定板 8—垫板
9、11、19—销钉 10—凸模 12—模柄 13、17—螺钉 14—卸料螺钉 15—导套 16—导柱

如图 2-29 所示的冲孔模，其冲孔材料为 H62 黄铜板，厚度为 2mm。该模具的结构特点为：模具为中间式导柱、导套，凹模采用镶拼形式，两凸模采用压入法安装在固定板上，卸

料板用弹簧弹性卸料。

项目分析

冲模的装配是冲模制造中的关键工序，其装配质量如何，将直接影响到制件的质量、冲模的技术状态和使用寿命。

根据模具结构图可知，该模具具有导向装置，主要由模架、冲孔凸模、凹模、卸料装置等组成。分析模具结构可知，影响模具装配质量的因素如下：

1）导柱的垂直度误差。

2）冲孔凸模与凸模固定板装配基面的垂直度误差。

3）凸模与凹模之间间隙的均匀性。

4）卸料板定位位置的准确性。

项目实施

本模具具有导向装置，故装配时要先选择基准件，然后以基准件为基准，装配其他零件并调整好间隙值。要求完成的装配内容有：模柄与模板（即模架）的装配，导柱、导套与模板的装配，凸模的装配，凹模的装配以及总装配。

1. 装配前的准备

1）根据模具装配图，分析模具的工作原理、各部位的结构组成及功能。

2）逐步熟悉各零部件的装配技术要求和工艺规范，确定装配工艺方案。

3）准备好装配时所用的工具、量具及夹具。

4）按图检查零部件的加工质量，并确定装配基准件。

5）按图逐一控制零部件的装配过程和装配质量。

2. 训练步骤

步骤一：装配模柄 在手动压力机或液压机上，将模柄 12 压入上模板 6 中，保证模柄与上模板的配合符合要求 H7/m6。加工出骑缝销钉孔，将防转销钉 11 装入后，再反过来在平面磨床上将模柄端面与上模板的底面磨平。

安装好模柄后，用直角尺检查模柄与上模板上平面的垂直度误差，若发现偏斜，应予以调整，直到合适后再加工骑缝销钉孔，安装防转销钉。

步骤二：装配导柱、导套 在模板上安装导柱、导套，应按照前面讲述的"压入式模架的装配工艺"进行装配。注意：安装后导柱与导套的配合间隙要均匀，上、下模板沿导柱活动时应无发涩及卡住现象。若采用标准模架则更加方便，直接到库房领取即可。

步骤三：组装凸模 采用压入法将凸模 10 安装在固定板 7 上，检查凸模对固定板端面的垂直度误差。装配后，应在平面磨床上将固定板的上平面与凸模尾部端面磨平。

步骤四：装配凸、凹模 把组装后的凸模放入凹模 2 的型孔内，两边垫以等高垫块，并放入装有导柱的下模板 1 内，用划针把凹模外形划在下模板上平面上，将凸模固定板外形划在上模板下平面上，初步确定凸模固定板和凹模在上、下模板上的位置。分别用平行夹板夹紧上、下模两部分，分别做上、下模板的螺钉固定孔，并将上模板翻过来，使模柄朝上，按已划出的位置线将凸模固定板对正，做好凸模固定板的螺钉孔，按凹模型孔划下模板上的漏料孔线。然后加工上模板连接弹压卸料板 4 的螺钉孔，加工下模板上的漏料孔，并按线每边加大约 1mm。最后，用螺钉将凸模固定板 7 和垫板 8 紧固在上模板上，并用螺钉将凹模紧固在下模板上。注意：不要固定得过紧，以方便以后的调整。

步骤五：调整间隙　将模具合模并翻转倒置，模柄夹在平口钳上，使凸模进入凹模型孔内。若凸模未能进入凹模型孔内，可轻轻敲击凸模固定板，利用螺钉与螺钉孔的间隙进行细微调整，直至凸模进入凹模型孔内。用手电灯照射，从下模板漏料孔中观察凸、凹模间隙的大小，看透光是否均匀。若发现某一方向透光不均匀，可用锤子轻轻敲击凸模固定板侧面，使凸模位置发生细微改变，直到得到均匀间隙为止。

步骤六：安装定位销　凸、凹模间隙调整均匀后，把上模组件取下，钻、铰定位销孔，配入定位销（销钉与销孔应保持一定的过盈量）。下模板的定位销孔按凹模销孔配作，同样配入定位销。

步骤七：装入卸料板　将弹压卸料板 4 装在已紧固的上模上，并检查其是否能灵活地在凸模间上下移动。检查凸模端面是否缩入卸料孔内 0.5mm 左右，最后安装弹簧 5。

步骤八：试模与调整　将冲模的其他零部件安装好后，用与制件厚度相同的纸片做工件材料，将其放在上、下模之间，用锤子敲击模柄进行试切，若冲出的纸样试件毛刺较小（或毛刺均匀），则表明装配正确，否则应重新检查、装配及调整。

步骤九：打刻编号　将装配好的冲模打刻编号。

3. 单工序冲裁模装配考核评定表（见表 2-23）

表 2-23　单工序冲裁模装配考核评定表

序　号	项目实施	考核要求	配　分	评分标准	得　分
1	装配前的准备	正确识读模具结构图，选择合理的装配方法和装配顺序，准备好必要的标准件	10	具备模具结构知识及识图能力	
2	装配模柄	安装好模柄后，用直角尺检查模柄与上模板上平面的垂直度误差	10	模柄与上模板上平面的垂直度误差在 0.01mm 之内	
3	装配导柱、导套	用正确的方法压入导柱、导套	10	熟练使用百分表校验垂直度误差和平行度误差	
4	组装凸模	凸模安装在固定板上，装配后，在平面磨床上将固定板的上平面与凸模尾部端面磨平	10	操作熟练，保证安全，不损伤凸模刃口，熟练使用磨床	
5	装配凸、凹模	用螺钉将凸模固定板和垫板紧固在上模板上，并用螺钉将凹模紧固在下模板上；使用正确的方法钻、铰螺钉过孔	20	操作熟练，不损伤凸模刃口，熟练使用磨床	
6	调整间隙	用透光法或其他方法调整凸、凹模间的间隙	15	能够得到均匀间隙	
7	安装定位销	使用正确方法钻、铰螺钉孔	5	调整位置准确	
8	装入卸料板	将卸料板装在已紧固的上模上，最后安装弹簧	5	卸料板能灵活地在凸模间上下移动，凸模端面缩入卸料孔内 0.5mm 左右	

序　号	项目实施	考核要求	配　分	评分标准	得　分
9	试模与调整	用与制件厚度相同的纸片做工件材料，将其放在上、下模之间，用锤子敲击模柄进行试切	10	冲出的纸样试件毛刺较小（或毛刺均匀）	
10	打刻编号		5		

训练项目二　复合冲裁模的装配

本项目是装配图 2-30 所示的落料冲孔复合模。要求学生了解落料冲孔复合模装配的全过程，掌握复合冲裁模的装配技能。

如图 2-30 所示的落料冲孔倒装复合模，其装配应达到的主要精度指标是凸凹模与落料凹模和两个冲孔凸模的冲裁间隙为 0.14mm（双边），且间隙均匀。

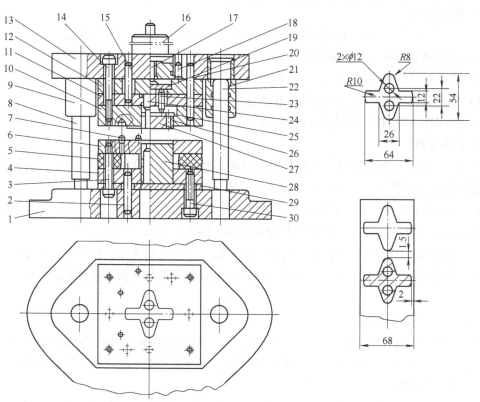

图 2-30　落料、冲孔倒装复合模

1—下模板　2、15、20—圆柱销　3—卸料螺钉　4—下固定板　5—橡胶　6—弹压卸料板
7—挡料销　8—导柱　9—导套　10—落料凹模　11—上固定板　12—上垫板　13—上模板
14、30—螺钉　16—模柄　17—推杆　18—防转销　19—推板　20—导套　21—导套　22—导柱　23—推销
24—冲孔凸模　25—推块挂板　26—沉头螺钉　27—推块　28—凸凹模　29—下垫板

项目分析

该模具为落料冲孔倒装复合模，落料凹模 10 装在上模上。条料由两个定位销挡料销 7

进行导料和挡料，均为活动式结构，与弹压卸料板 6 为 H8/d9 配合。冲裁结束后，卸料板将箍在凸凹模 28 上的条料卸下，冲孔废料顺凸凹模 28 的漏料孔排出。复合冲裁模属于较精密的模具，倒装复合冲裁模的凸凹模型孔内积存冲孔废料，会对孔壁形成较大的张力，故应在下模板上加工漏料孔，漏料孔尺寸应比凸凹模漏料孔尺寸大。

在加工制造复合模时，必须保证所加工的工作零件（如凸模、凹模、凸凹模及相关零件）的加工精度。装配时，冲孔和落料的冲裁间隙应均匀一致。上、下模的配合若稍有误差，就会导致整副模具的损坏，所以在加工装配时不允许有丝毫差错。

项目实施

本模具为中间导柱的模板的冲孔落料复合模，采用直接装配法，按图样要求完成的装配内容有：模柄与模板（即模架）的装配，导柱、导套与模板的装配，凸模的装配，凹模的装配，凸凹模的装配以及总装配。

1. 装配前的准备

1）根据模具装配图，分析模具的工作原理、各部位的结构组成及功能。

2）逐步熟悉各零部件装配的技术要求和工艺规范，确定装配工艺方案。

3）准备好装配时所用的工具、量具及夹具。

4）按图检查零部件的加工质量，并确定装配基准件。

5）按图逐一控制零部件的装配过程和装配质量。

2. 训练步骤

步骤一：确定装配基准件　根据模具图样确定装配基准、装配顺序和方法。该模具选择凸凹模作为装配基准件，先装下模部分，然后装上模部分。

1）复检模具零件。按零件图要求，并结合复合模装配的具体工艺要求，检验已制作完成的全部模具零件（模具装配时需配作完成的加工内容不在检验项目之中）。

2）组装凸凹模组件。用压入法将凸凹模 28 压入下固定板 4 中，在压入过程中应随时利用直角尺检查垂直度误差。压入后磨平凸凹模下表面，使其与下固定板齐平，再磨平凸凹模上表面。

步骤二：装配下模部分

1）以下模座两导柱孔为基准，根据下固定板外形在下模板上划出下固定板外形的轮廓线，保证凸凹模工作时的压力中心在下模板的中心，按线找正下固定板，然后用平行夹板夹紧下固定板和下模板。

2）将凸凹模组件放在下模板上找正位置，用四个紧固螺钉连接下固定板和下模板，并用划针在下模板上划出凸凹模漏料孔的轮廓线。按划线加工下模板上的漏料孔，对下模板上的孔正、反面倒角。

3）对凸凹模组件、下垫板和下模板进行找正，在销孔中用铜棒打入圆柱销，用四个紧固螺钉把它们紧固起来（卸料板暂时不装）。

步骤三：装配弹压卸料板（有四个螺孔需配作）　将弹压卸料板 6 套在凸凹模组件上，垫入等高垫块，并用平行夹板把凸凹模和弹压卸料板夹紧。钻出弹压卸料板上的螺纹底孔，然后将弹压卸料板的正、反面孔口倒角，攻螺纹后备用。

步骤四：装配模柄　将上模板的顶面向下放在等高垫块上，将模柄压入上模板，压入时必须不断检查其垂直度误差。装好后，磨平模柄和上模板的下端面。

步骤五：装配导柱、导套　在模板上安装导柱、导套，应按照前面讲述的"压入式模架的装配工艺"进行装配。注意：安装后导柱与导套的配合间隙要均匀，上、下模板沿导柱活动时，应无发涩及卡住现象。

步骤六：装配凸模　先把第一个圆凸模压入上固定板（若有大凸模，则先装大凸模；若凸模大小基本一致，则可任选一个凸模），用直角尺测量相邻两基面的垂直度误差，使第一个凸模和固定板平面垂直。再将第二个圆凸模压入固定板，压入第二个圆凸模后，必须以凸凹模上冲孔凹模的型孔为基准，用透光法检查间隙。若间隙不均匀，则要调整后面装入的凸模。装完凸模后，磨平凸模的上、下端面。

以上固定板的两个凸模安装孔为基准，按上垫板上推板过孔的形状在上固定板上划出推板的轮廓线。将上固定板和上垫板按线找正，用平行夹板将两板夹紧，并用螺钉紧固。

按记号方向，将上固定板 11 中的冲孔凸模 24 插入凸凹模 28 的凹模型孔中，并垫上等高垫块，使凸模进入凹模孔口 5mm 左右。用垫片法调整冲孔凸模 24 和凸凹模 28 之间的间隙。

步骤七：装配上模部分

1）将落料凹模套在凸凹模上，并垫好等高垫块，使凹模进入凸凹模 5mm 左右。将推块挂板 25 和推块 27 用螺钉组装后装入落料凹模型孔中。将冲孔凸模组件装入，使冲孔凸模穿过推块进入凸凹模，以导柱、导套导向，合上上模板（此时不装入上垫板）。用平行夹板夹紧上模部分，钻、铰螺钉孔。

2）将上垫板 12 按记号方向放置在上固定板 11 上，找正各孔位置后，将推板放入上垫板的型孔中。将推杆 17 插入模柄 16 的孔内后，合上上模板，并用平行夹板将三块板（上固定板 11、上垫板 12 与上模板 13）夹紧。撬动上模切纸检查。

3）以导柱、导套导向，将上固定板、上垫板与上模板组件放在落料凹模上。卸下平行夹板，使上固定板与凹模面贴合，用紧固螺钉 14 把上模部分连接起来，螺钉不要旋紧。

4）用铜棒轻击落料凹模，用垫片法调整好落料凹模与凸凹模之间的间隙，旋紧紧固螺钉 14。撬动上模切纸检查。

步骤八：打刻编号　装配完成后试模，将装配好的冲模打刻编号，送检入库。

3. 复合冲裁模装配考核评定表（见表 2-24）

表 2-24　复合冲裁模装配考核评定表

序　号	项目实施	考核要求	配　分	评分标准	得　分
1	装配前准备	正确识读模具结构图，选择合理的装配方法和装配顺序，准备好必要的标准件	10	具备模具结构知识及识图能力	
2	确定装配基准件	组装凸凹模组件，用压入法将凸凹模 28 压入下固定板 4 中。压入后磨平凸凹模下表面，使其与下固定板齐平，再磨平凸凹模上表面	10	在压入过程中，应随时使用直角尺检查垂直度误差	

（续）

序　号	项目实施	考核要求	配　分	评分标准	得　分
3	装配下模	将凸凹模组件放在下模板上找正位置，并用划针在下模板上划出凸凹模漏料孔轮廓线，按划线加工下模板上的漏料孔	20	凸凹模在下模板上的位置正确	
4	装配弹压卸料板	将弹压卸料板套在凸凹模组件上，垫入等高垫块，并用平行夹板把凸凹模和弹压卸料板夹紧，钻出弹压卸料板上的螺纹底孔	10	操作熟练，保证卸料板上孔的位置正确	
5	装配模柄	安装好模柄后，用直角尺检查模柄与上模板上平面的垂直度误差	10	模柄与上模板上平面的垂直度误差在0.01mm之内	
6	装配导柱、导套	用正确方法压入导柱、导套	10	熟练使用百分表校验垂直度误差和平行度误差	
7	装配凸模	在固定板上依次安装凸模，装配后，在平面磨床上将固定板的上平面与凸模尾部端面磨平	10	操作熟练，保证安全，不损伤凸模刃口，熟练使用磨床	
8	装配上模	上模各零件尺寸满足装配技术要求，冲裁间隙均匀，拧紧螺钉，打入销钉	15	冲裁间隙均匀	
9	打刻编号		5		

思考与练习

1. 冲压模具装配前的准备工作有哪些？
2. 模具零件的固定方法有哪些？
3. 模具装配后应达到哪些技术要求？
4. 低熔点合金固定法有何特点？
5. 如何调整模具间隙？常用方法有哪几种？

第3章 冲压模具的安装调试与维修

学习目标

1. 掌握各类冲压模具的安装与调试工艺。
2. 熟悉冲压设备的选用方法及安全操作规程。
3. 熟悉冲模安装和使用时的注意事项。
4. 掌握冲模维护、保养及修理的方法和工艺过程。
5. 能对模具的常见故障进行分析、处理。

冲压模具在装配完毕后，为了保证模具质量，必须把模具安装到压力机上进行调整与调试，这是因为冲模在设计、制造、冲压过程中，任何一个环节都可能存在问题。而所有的缺陷都将在安装与调试中反映出来，通过模具的安装与调试，可以从中发现问题，分析产生问题的原因并设法加以解决，以保证冲压模具能冲出合格的冲压件。

3.1 冲压设备

冲压设备是模具工作时的载体，冲压设备的正确选用、使用及安全操作等问题对模具的使用、产品的质量和成本都具有极大的影响。成品冲压模必须首先保证其能顺利安装到指定的冲压设备上，其次模具的参数必须符合冲压设备的各种技术参数，最后必须保证模具高度在冲压设备装模高度允许范围内。

冲压就是利用冲压设备和冲模对材料施加压力，使其分离或产生塑性变形，以获得一定形状和尺寸制件的一种无切削加工工艺。由于采用现代化的冲压工艺，生产制件具有效率高、质量好、能量省和成本低等特点。冲压设备在机床中所占的比例也越来越大，据有关资料介绍，在一些工业发达的国家，冲压设备在机床中所占的比例已接近50%。

1. 冲压设备分类及型号

冲压设备一般可分为机械压力机、电磁压力机、气动压力机和液压机四大类，常用的有机械压力机和液压机两大类。

冲压设备的型号是按照机械标准的类、列、组编制的。以曲柄压力机为例，按照《锻压机械型号编制方法——JB/GQ 2003—1984》的规定，其型号用汉语拼音字母、英文字母和数字表示。例如，型号JC23—63A的意义是：

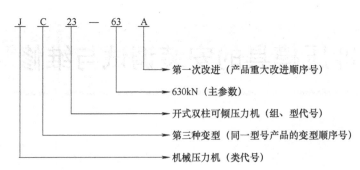

冲压设备型号的表示方法如下：

第一个字母为类代号，用汉语拼音字母表示。在 JB/GQ 2003—1984 型谱的八类锻压设备中，与曲柄压力机有关的有五类：机械压力机、线材成形自动机、锻机、剪切机和弯曲校正机。它们分别用"机""自""锻""切""弯"的汉语拼音首字母表示为 J、Z、D、Q、W。

第二个字母代表同一型号产品的变型顺序号。凡主参数与基本型号相同，但其他某些基本参数与基本型号不同的，称为变型。用字母 A、B、C……表示第一种、第二种、第三种……变型产品。

第三、第四个数字分别为组、型代号，前面一个数字代表"组"，后面一个数字代表"型"。在型谱表中，每类锻压设备分为 10 组，每组分为 10 型。如在"J"类中，第 2 组的第 3 型为"开式双柱可倾压力机"。

横线后面的数字代表主参数。一般将压力机的公称压力作为主参数。型号中的公称压力用工程单位制的"tf"表示，转化为法定单位制的"kN"时，应把此数字乘以 10。如上例的 63 代表 63tf，即 630kN。

最后一个字母代表产品的重大改进顺序号，用字母 A、B、C……代表第一次、第二次、第三次……重大改进。

2. 压力机的结构和工作原理

下面以曲柄压力机为例介绍其结构和工作原理。

图 3-1 所示为开式双柱可倾曲柄压力机，它包括工作机构、传动机构、操纵系统、支承部件及辅助系统五部分。

（1）工作机构　工作机构主要由曲轴、连杆和滑块组成，其作用是将电动机主轴的旋转运动转变为滑块的直线往复式运动。滑块底部中心设有模具安装孔（大型压力机滑块底部设有 T 形槽），用来安装和夹紧模具；滑块中还设有退料（或推件）装置，用于在滑块回程时将工件或废料从模具中推出。

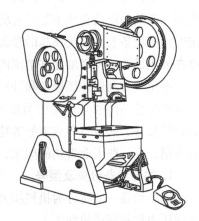

图 3-1　开式双柱可倾曲柄压力机

（2）传动机构　传动机构由电动机、带、飞轮及齿轮组成，其作用是将电动机的运动和能量按照一定要求传给曲柄滑块机构。

（3）操纵系统　操纵系统由空气分配系统、离合器、制动器及电气控制部分等组成。

（4）支承部件　支承部件包括机身、工作台及螺栓等。

曲柄压力机的工作原理如图 3-2 所示。由电动机通过 V 带驱动大带轮，经过齿轮副和离合器带动曲柄滑块机构，使滑块和凸模直线下行。工作完成后滑块回程上行，离合器自动脱开，同时曲柄轴上的制动器接通，使滑块停止在上止点附近。

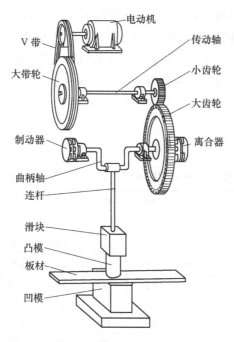

图 3-2　曲柄压力机的工作原理

3. 压力机的主要技术参数

（1）公称压力　压力机的公称压力（kN）是指压力机滑块离下止点前某一特定距离或曲轴旋转到离下止点前某一特定角度时，滑块所允许承受的最大工作压力，如图 3-3 所示。

公称压力是压力机的主要参数。冲压时，所使用的压力机公称压力应为模具成形工艺力和辅助工艺力总和的 1.2 ~ 1.3 倍。

（2）滑块行程　滑块行程（mm）是指滑块从上止点到下止点所经过的距离。它的大小随工艺用途和公称压力的不同而不同。滑块行程的大小，决定所用压力机的闭合高度和开启高度，其最大数值为曲轴长度的 2 倍。

（3）冲压次数　压力机在工作时，滑块由上止点经下止点又回到上止点，往复一次称为一个行程，即一次冲压。普通压力机的冲压次数一般为 60 ~ 150 次/min，高速压力机每分钟冲压超千次。

（4）闭合高度　闭合高度（mm）是指滑块处于下止点位置时，滑块下端面到工作台上

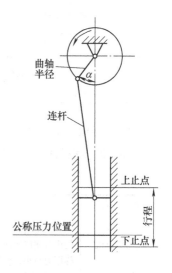

图 3-3　曲柄滑块机构

平面间的距离。压力机的闭合高度有最大闭合高度和最小闭合高度之分。冲压时，模具的闭合高度必须比压力机的最小闭合高度大 10 ~ 15mm。当模具的闭合高度小于压力机的最小闭合高度时，可在模具下面垫入适当高度的垫块。

（5）工作台面尺寸　工作台面外形尺寸（长 × 宽）及中间漏料孔尺寸，决定了安装模具下模板的尺寸范围及落料制件或废料的允许尺寸。

（6）装模高度　装模高度（mm）是指滑块移动到下止点时，滑块下平面到工作台垫板上表面间的距离。该高度可通过调节螺杆进行调整。在最大闭合高度状态下的装模高度为最大装模高度，在最小闭合高度状态下的装模高度为最小装模高度。

（7）模柄孔尺寸　模柄孔尺寸决定模柄的长度和直径尺寸（限于中小型模具）。

（8）电动机功率　电动机功率（kW）即压力机功率，其值应大于冲压时所需要的最大功率。

开式双柱可倾压力机的主要结构参数见表 3-1。

表 3-1　开式双柱可倾压力机的主要结构参数

公称压力/kN		31. 5	63	100	160	250	400	630	1000
滑块行程/mm		25	35	45	55	65	100	130	130
冲压次数/（次/min）		200	170	145	120	105	45	50	45
最大闭合高度/mm		120	150	180	220	270	330	360	480
最大装模高度/mm		95	120	145	180	220	265	280	380
工作台面尺寸/mm	前后	160	200	240	300	370	460	480	500
	左右	250	310	370	450	560	700	710	900
模柄孔尺寸/mm	直径	25	30	30	40	40	50	50	60
	深度	45	50	55	60	60	70	80	80
电动机功率/kW		0.55	0.75	1.10	1.50	2.2	5.5	5.5	7.5
设备外形尺寸/mm	前后	675	776	895	1130	1335	1685	1700	1880
	左右	478	550	651	921	1112	1325	1373	1450
	高度	1310	1488	1637	1890	2120	2470	2750	2900
设备重量/kg		194	400	576	1055	1780	3540	4800	6500

4. 冲压设备的选用

各类冲压设备的特点及应用范围见表 3-2。

表 3-2　冲压设备的特点及应用范围

设　　备	特　　点	应　用　范　围
曲柄压力机	导向精度高；经调整后每次行程不变；开式压力机的床身刚度比闭式压力机低；便于实现自动送料；公称压力较小，使用不当时易超载	开式压力机多用于中小型冲裁件、弯曲件和浅拉深件；在大中型和精度要求较高的冲压件生产中，多用闭式压力机
万能液压机	导向精度低；只有采用限位装置时，才能准确控制模具的闭合高度；不易超载，能在整个行程中达到额定压力	大型厚板冲压件的小批生产；多用于弯曲、拉深、成形等成形工序

（续）

设　备	特　点	应 用 范 围
双动拉深压力机	模具结构简单；压边可靠，易调	大型较复杂的拉深件
高速压力机	生产率高，精度高	小型冲件的大量生产
多工位自动压力机	一台多工位自动压力机能够代替多台单工位压力机，并可避免工序间半成品的堆放和运输问题	形状复杂零件的大量生产
冷挤压压力机	刚度大，精度高	冷挤压件生产
精冲压力机	压力机除主滑块外，还有压边和反压边装置	精冲件生产

（1）冲压设备类型的选择原则

1）中小型冲裁模、拉深模、弯曲模应选择单柱开式压力机。

2）大中型冲模应选择双柱或四柱压力机。

3）批量大及自动冲模应选用高速压力机或多工位自动压力机。

4）批量小且材料较厚的大型冲件应选择液压机。

5）冷挤压模或精冲模应选择专用冷挤压机及专用精冲机。

（2）冲压设备规格的选择原则

1）压力机的公称压力大于计算压力（模具冲压力）的 1.2 ~ 1.3 倍。

2）压力机的工作台尺寸、滑块底面尺寸应满足模具的正确安装要求；漏料孔的尺寸应大于或能通过制件及废料。

3）压力机的行程次数（滑块每分钟的冲压次数）应符合生产率的要求。

4）压力机的结构应符合工作类别及零件冲压性质，应备有特殊装置和夹具，如缓冲器、顶出装置、送料和卸料装置。

5）压力机的电动机功率应大于冲压需要的功率。

6）压力机应保证使用的方便性和安全性。

5. 冲压设备的安全操作规程

1）工作前认真检查冲压设备，如压力机制动不灵、冲头连冲，则禁止使用。

2）操作时精神要高度集中，不允许边说话边操作。

3）安装模具时，必须将压力机的电气开关调到手动位置，将滑块开到下止点，高度必须准确，严禁使用脚踏开关。

4）严禁将手伸进工作区送料或取制件，冲压小制件时要用辅助工具。

5）压力机脚踏开关上方应有防护罩，每冲完一次，脚均应离开开关。

6）工具材料不要靠在压力机上，防止其掉落引起开关动作。

7）工作时应穿戴好防护用品（工作服、眼镜、手套）。

8）注意调整好冲压设备各间隙，安全装置应完好无损，传动带罩、齿轮罩应齐全。

9）下班前擦拭压力机，工作部位应涂润滑油。

10）冲压设备若发生故障，应立即报告有关人员查明原因并排除故障，严禁擅自处理。

第3章 冲压模具的安装调试与维修

3.2 冲压模具的安装

1. 冲压模具安装的要求（见表 3-3）

表 3-3　冲压模具安装的要求

压力机的 选用要求	1）压力机的吨位应大于冲模的工艺要求压力 2）压力机的制动器、离合器及操作系统等必须工作正常 3）压力机要有足够的刚性、强度和精度 4）按一下压力机起动手柄或脚踏板，滑块不应有连冲现象。若滑块有连冲现象，则应调整好后再安装冲模
压力机工作 台面要求	压力机与模板的安装面应仔细擦净，不得有任何污物及金属渣屑
冲模紧固要求	1）检查上、下模板安装面是否平行，只有平行度达到要求后才能紧固 2）安装冲模的螺栓、螺母与压板时应采用专用件，一般不能代用 3）用压板将下模板紧固在压力机台面上时，其紧固用的螺栓拧入螺孔的长度应大于螺栓直径的 1.5～2 倍 4）压板的位置应使压板的基准面平行于压力机的工作台面，不准偏斜 a) 正确　　　　b) 错误
凸模进入凹模 的深度要求	1）安装后，冲模的上、下模工作零件应正确吻合，且深浅适当。对于冲裁模，当其冲裁厚度小于 2mm 时，凸模进入凹模的深度不应超过 0.8mm；硬质合金模具不超过 0.5mm 2）拉深模、弯曲模和成形模应采用试模的方法，确定凸模进入凹模的深度，或者将试件放在凸、凹模之间调试深浅
凸、凹模的相 对位置要求	冲模的安装应确保其工作时凸模与凹模正确对准、间隙均匀，并且凸模的中心线应与凹模工作平面相互垂直，不得歪斜
压力机技术 性能要求	1）压力机的润滑系统、液压系统、气动系统、制动器、离合器等应能正常工作，其运动件应能正常工作，压力机上没有未紧固的螺钉、脱落的电线等，以保证其处于良好的可操作性状态 a) 检查滑块平行度误差的方法　　b) 检查滑块垂直度误差的方法 2）根据冲模闭合高度，检查或调整压力机的闭合高度 3）检查压力机滑块的平行度误差及垂直度误差

2. 冲压模具的安装要点（见表3-4）

表3-4　冲压模具的安装要点

冲裁模的安装要点	无导向装置冲裁模的安装 1）将冲裁模放在压力机的中心处 2）将压力机滑块上的螺母松开，用手或撬杠转动压力机飞轮，使压力机滑块下降到与上模板接触，并使冲模的模柄进入滑块中 3）滑块的高度调整好后，将模柄紧固在压力机滑块上 4）调整凸、凹模的间隙，使之均匀 5）间隙调好后，将下模紧固在压力机上 6）开动压力机进行试冲
	有导向装置冲裁模的安装 1）将闭合状态下的模具放在压力机台面上 2）把上模与下模分开，用木块或垫铁将上模垫起 3）将压力机滑块下降到下止点，并调整到能使其与模具上模板上平面接触 4）分别把上模、下模固紧在压力机滑块和压力机台面上。滑块的位置应使其在上止点时，凸模不至于逸出导板之外或者导套下降距离不能超过导柱长度的1/3 5）紧固模具后进行试冲
弯曲模的安装要点	弯曲模在压力机上的安装要点与冲裁模相同，其上、下模的调整方法如下 1）有导向装置的弯曲模：上、下模的相对位置及间隙全由导向零件决定 2）无导向装置的弯曲模：上、下模的相对位置采用测量间隙或垫片法保证
拉深模的安装要点	1）在使用单柱压力机进行拉深时，其模具在压力机上的安装要点与弯曲模基本相同。但对于带有压边圈的拉深模，应对压边力进行调整。这是因为压边力过大时制件易被拉裂，压边力过小则制件易起皱。因此，在安装模具时，应边试验，边调整，直到合适为止 2）拉深筒形制件时，先将上模固定在压力机的滑块上，下模放在压力机工作台上，先不要紧固。安装时，可先在凹模孔上放置一个制件（样件或与制件同样厚度的垫片），再使上、下模通过调节螺杆或飞轮而吻合，下模可自动对准位置，调整好闭合高度后，将下模紧固

3. 冲压模具的安装步骤

1）进一步熟悉冲压工艺和冲压模具图样，在动手安装之前，检查模具及压力机是否完好正常，然后切断电源。

2）检查是否备齐模具安装时所需要的紧固螺栓、螺母、压板、垫块、垫板等零件。

3）将滑块下降到下止点，如图3-4a所示，调节装模高度，使其略大于模具的闭合高度，如图3-4b所示。

4）清除黏附在冲压模具上下表面、压力机滑块底面与工作台面上的杂物，并擦洗干净。

5）取下模柄锁紧块，如图3-4c所示，将上、下模具同时推到工作台面上，并让模柄进入压力机滑块的模柄孔内，合上锁紧块，如图3-4d所示。将压力机滑块停在下止点，并调整压力机滑块高度，使滑块与模具顶面贴合，如图3-4e所示，然后紧固锁紧块。

6）将下模用压板轻轻紧固在工作台上，但不要将螺栓拧得太紧，如图3-4f所示。

7）用压力机上的连杆调整装模高度，上、下模闭合高度调整适当后，将压板螺栓拧紧，使滑块上升到上止点，如图3-4g所示。

8）试空车，检查压力机和模具有无异常，固定下模。

9）开动压力机，并逐步调整滑块高度，先在上、下模之间放入纸片，使纸片刚好切断后再放入试冲材料正式冲件，刚好冲下制件后，将可调连杆螺钉锁紧。

10）重新检查装好的模具及压力机，若无误，则可开机进行首次试冲。检查首件，合格后可开始试模或批量生产。

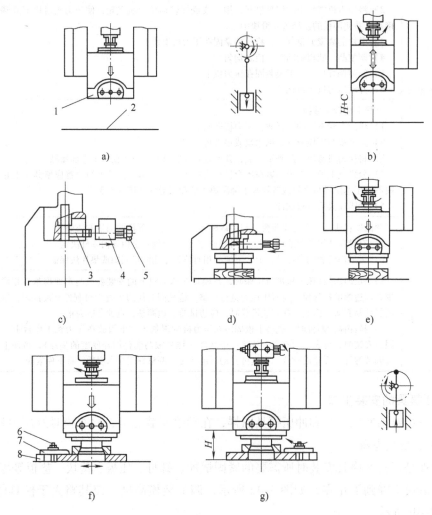

图 3-4　冲压模具的安装过程

1—滑块　2—工作台面　3—锁模块锁紧螺栓　4—模具锁紧块

5—模柄紧固螺钉　6—紧固螺栓　7—紧固压板　8—紧固垫块

3.3　冲压模具的调试

冲压模具的试冲与调整简称调试。冲压模具在压力机上安装好后，要通过试冲对制件的质量和模具的性能进行综合考查和检测。对在试冲中出现的各类问题，要进行全面、认真的分析，找出具体的产生原因，并对冲压模具进行适当调整与修正，以最终得到质量合格的制件。

1. 冲压模具调试的目的

1）发现模具设计与制造中存在的问题。通过调试可以对原设计、加工与装配中存在的工艺缺陷加以改进和修正，以保证生产出合格制件。

2）帮助确定产品的成形条件和工艺规程。模具通过试冲与调整，生产出合格产品后，可以在试冲过程中，掌握和了解模具的使用性能，产品成形条件、方法和规律，从而为产品批量生产时工艺规程的制订提供帮助。

3）帮助确定成形零件的毛坯形状、尺寸及用料标准。在冲压模具设计中，有些形状复杂或精度要求较高的冲压成形零件，很难在设计时精确地计算出变形前毛坯的尺寸和形状。为了得到较准确的毛坯形状、尺寸及用料标准，只能通过反复试冲才能确定。

4）通过调试发现问题，解决问题，积累经验，有助于进一步提高模具设计和制造水平。

5）验证模具质量和精度，作为交付生产的依据。

2. 冲压模具调试的内容

1）将装配后的模具顺利地装在指定的压力机上。

2）用指定的坯料（或材料）稳定地在模具上制出合格的制件。

3）检查制件的质量。若发现制件存在缺陷，应分析原因，设法对模具进行修正，直到生产出完全符合图样要求的制件为止。

4）在试冲时，应排除影响生产、安全、质量和操作等各种不利因素，使模具达到稳定、批量生产的目的。

5）根据设计要求，进一步确定某些模具需经试模后才能确定的尺寸（如拉深模首次落料的坯料尺寸），并修正这些尺寸，直到其符合要求为止。

6）经试冲后，编制模具成批生产制件的工艺规程。

3. 冲压模具调试的技术要求

（1）模具的外观　各种冲模装配后，应按照冲压模具技术条件对其外观进行检验，经检验合格后才能进行试模。

（2）试冲材料　试冲材料必须经过质量部门的检验，并符合技术协议的规定要求，尽量不采用代用材料。大型冲模的局部试冲允许用小块材料代用，其他试冲材料的代用须经用户同意。

（3）试冲设备　试冲设备必须符合工艺要求，设备的吨位、精度等级必须按图样规定的要求。

（4）试冲数量　一般情况下试冲时，小型模具不少于 50 件；硅钢片不少于 200 件；自动冲模连续时间不少于 3min；贵重金属试冲数量根据具体情况而定。

（5）冲件质量　冲件断面光亮带的分布要均匀，不允许有夹层及局部脱落和裂纹现象。冲件毛刺不得超过规定的数值；尺寸公差及表面质量应符合图样要求。

（6）模具入库　入库的冲模要附带检验合格证以及试冲的制件，制件数量在无规定时应为 3～10 件。

4. 冲压模具调试时应注意的问题

1）试冲所使用的材料性质、牌号及厚度要符合图样要求，并且试冲条料宽度要符合工艺图样的规定。对于连续模，其试冲的条料宽度要比导板间的距离小 $0.1 \sim 0.15mm$。

2）模具要在所要求的设备上试冲。

3）试冲前，要对模具进行一次全面检查，检查无误后方可进行试冲。

4）模具的各活动配合部位（如导柱、导套）在开始试冲前要进行润滑。

5）对试冲后的制件要进行全面检查。问题不严重时，可对模具进行随机修整；若问题较大，则应卸下模具进行修整，然后将模具重新安装到压力机上进行试冲，直到合格为止。

6）检验用的试件应在工艺参数稳定后进行提取。在双方确认试件合格后，由模具制造方开具合格证，将试件连同模具一同交付使用部门。

7）试冲时，一定要按工艺规程操作，注意试冲过程中的安全。

5. 冲压模具的调试步骤

（1）调整凸、凹模刃口及其间隙　冲压模具中的上、下模部分安装在压力机上时，凸模进入凹模的深度要适中，不能太深和太浅，以能冲下制品为准。其调整是依靠调节压力机连杆来实现的。

对于有导向的冲模，只要能保证导向件运动灵活而无发涩现象，即可保证间隙均匀；对于无导向冲模，为了使间隙均匀，可以在凹模刃口周围衬以纯铜皮或硬纸板进行调整，也可以用塞尺及透光测试方法在压力机上进行调整，直到上、下模部分的凸、凹模相互对中且间隙均匀后，再用螺钉紧固模板于压力机工作台面上，方可进行试冲。

（2）调整定位装置　冲模的定位零件应保证坯件定位的稳定、可靠，如果位置不合适及定位形状不准，则应及时修正其位置和形状，必要时要重新更换定位零件。

（3）调整卸料系统　卸料板（或顶件器）要调整至与冲件贴合；卸料弹簧或卸料橡皮的弹力要足够大；卸料板（或顶件器）的行程要调整到足够使制品卸出的位置；漏料孔应畅通无阻；打料杆、推料板应调整到能顺利将制品推出，不能有卡住、发涩现象。

6. 各类冲压模具调试时常见的缺陷、产生原因及调整方法

冲裁模、弯曲模、拉深模调试时常见的缺陷、产生原因及调整方法见表3-5～表3-7。

表3-5　冲裁模调试时常见的缺陷、产生原因及调整方法

常见缺陷	产生原因	调整方法
凹模被胀	1）凹模孔口有倒锥现象，即上口大、下口小 2）凹模内积存的件数太多	1）修整凹模刃口，消除倒锥现象 2）减小凹模刃口长度
冲压件形状或尺寸不正确	凸模与凹模的形状或尺寸不正确	1）微量的可修正凸模与凹模，重调间隙 2）严重时需更换凸、凹模
毛刺部分偏大	冲裁间隙不均匀或局部间隙不合理	1）调整间隙 2）修磨凸、凹模刃口
冲压件不平整	1）凹模倒锥 2）导正销与导正孔配合较紧 3）导正销与挡料销间距过小	1）修磨凹模，除去倒锥 2）修正导正销 3）修正挡料销

（续）

常见缺陷	产生原因	调整方法
卸料不正常	1）装配时，卸料元件配合太紧或安装倾斜 2）弹性元件弹力不足 3）凹模和下模板之间的排料孔不同心 4）卸料板行程不足	1）修正或重新安装卸料元件，使其能够灵活运动 2）更换或加厚弹性元件 3）修正下模板排料孔 4）修正卸料螺钉头部沉孔深度或卸料螺钉长度
刃口相碰	1）导柱与导套间隙过大 2）凸模或导柱等安装不垂直 3）上、下模板不平行 4）卸料板偏移或倾斜 5）压力机台面与导轨不垂直	1）更换导柱与导套或模架 2）重新安装凸模或导柱等零件，校验垂直度误差 3）以下模板为基准修磨上模板 4）修磨或更换卸料板 5）检修压力机
内孔与外形相对位置不正确	1）挡料钉位置偏移 2）导正销与导正孔间隙过大 3）导料板的导料面与凹模中心线不平行 4）侧刃定距尺寸不正确	1）修正挡料钉位置 2）更换导正销 3）调整导料板的安装位置，使导料面与凹模中心线相互平行 4）修磨或更换侧刃
送料不畅或条料被卡住	1）导料板间距过小或导料板安装倾斜 2）凸模与卸料板间隙过大，导致搭边、翻边 3）导料板工作面与侧刃不平行 4）侧刃与侧刃挡块间不贴合，导致条料上产生毛刺	1）修正导料板 2）更换卸料板，以减小凸模与卸料板之间的间隙 3）修正侧刃或导料板 4）消除两者之间的间隙

表 3-6 弯曲模调试时常见的缺陷、产生原因及调整方法

常见缺陷	产生原因	调整方法
冲压件产生回弹 	弹性变形的存在	1）改变凸模的角度和形状 2）增加凹模型槽的深度 3）减小凸模与凹模之间的间隙 4）增大矫正力或使矫正力集中在变形部分
冲压件底面不平 不平	1）卸料杆着力点分布不均匀，卸料时将冲压件顶弯 2）压料力不足	1）增加卸料杆并重新分布其位置 2）增大压料力 3）增大矫正力（使镦死）
冲压件弯曲部位产生裂纹 裂纹	1）板料的塑性差 2）弯曲线与板料的纤维方向平行 3）剪切断面的毛边在弯曲的外侧	1）改用塑性好的板料 2）将板料退火后再弯曲 3）改变落料排样，使弯曲线与板料纤维呈一定角度 4）使毛边在弯曲的内侧，亮带在外侧

（续）

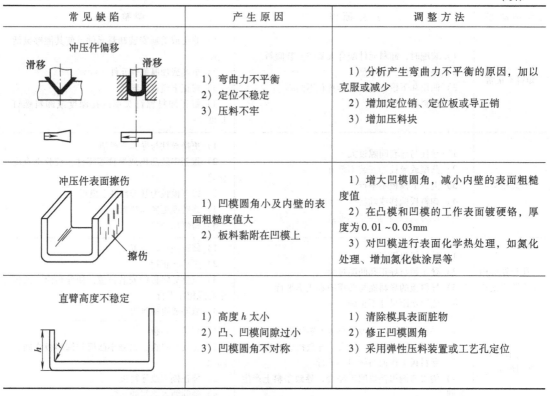

常 见 缺 陷	产 生 原 因	调 整 方 法
冲压件偏移 滑移　　　滑移	1）弯曲力不平衡 2）定位不稳定 3）压料不牢	1）分析产生弯曲力不平衡的原因，加以克服或减少 2）增加定位销、定位板或导正销 3）增加压料块
冲压件表面擦伤 擦伤	1）凹模圆角小及内壁的表面粗糙度值大 2）板料黏附在凹模上	1）增大凹模圆角，减小内壁的表面粗糙度值 2）在凸模和凹模的工作表面镀硬铬，厚度为 0.01～0.03mm 3）对凹模进行表面化学热处理，如氮化处理、增加氮化钛涂层等
直臂高度不稳定	1）高度 h 太小 2）凸、凹模间隙过小 3）凹模圆角不对称	1）清除模具表面脏物 2）修正凹模圆角 3）采用弹性压料装置或工艺孔定位

表3-7　拉深模调试时常见的缺陷、产生原因及调整方法

常见缺陷	产生原因	调整方法
拉深件拉深高度不够	1）毛坯尺寸太小 2）拉深间隙过大 3）凸模圆角半径太小	1）增大毛坯尺寸 2）更换凸模与凹模，使之间隙合适 3）加大凸模圆角半径
拉深件拉深高度太大	1）毛坯尺寸太大 2）拉深间隙太小 3）凸模圆角半径太大	1）减小毛坯尺寸 2）整修凸、凹模，加大间隙 3）减小凸模圆角半径
冲压件壁厚和高度不均	1）凸模与凹模不同心，间隙向一边偏斜 2）定位板或挡料销位置不正确 3）凸模不垂直 4）压料力不均 5）凹模的几何形状不正确	1）重装凸模与凹模，使间隙均匀一致 2）重新调整定位板及挡料销位置，使之正确 3）修正凸模后重装 4）调整托杆长度或弹簧位置 5）重新修正凹模
冲压件起皱	1）压边力太小或不均匀 2）拉深间隙太大 3）凹模圆角半径太大 4）板料太薄或塑性差	1）增加压边力或调整顶杆长度、弹簧位置 2）减少拉深间隙 3）减少凹模圆角半径 4）更换材料

常见缺陷	产生原因	调整方法
冲压件表面拉毛	1）拉深间隙太小或不均匀 2）凹模圆角不光洁 3）模具或板料不清洁 4）凹模硬度太低，板料有黏附现象 5）润滑油质量太差	1）修正拉伸间隙 2）修光凹模圆角 3）清理模具及板料 4）提高凹模硬度或减小其表面粗糙度值，进行镀铬及氮化处理 5）更换润滑油
冲压件破裂或有裂纹	1）压料力太大 2）压料力不够 3）毛坯尺寸太大或形状不当 4）拉深间隙太小 5）凹模圆角半径太小 6）凹模圆角表面粗糙度值大 7）凸模圆角半径太小 8）冲压工艺不当 9）凸模与凹模不同心或不垂直 10）板料质量不好	1）调整压料力 2）调整顶杆长度或弹簧位置 3）调整毛坯形状和尺寸 4）加大拉深间隙 5）加大凹模圆角半径 6）修光凹模圆角 7）加大凸模圆角半径 8）增加工序或调整工序 9）重装凸、凹模 10）更换材料或增加退火工序，改善润滑条件
冲压件底面不平	1）凸模或凹模（顶出器）无出气孔 2）顶出器或压料板未镦死 3）材料本身存在弹性	1）钻出气孔 2）调整冲模结构，使冲模达到闭合高度时，顶出器和压料板将冲压件镦死 3）改变凸模、凹模和压料板形状

3.4　冲压模具的维护与修理

模具在设计、加工、调试成功后，即可投入正常生产。对其正确使用、维护、保养及修理是保证连续生产高质量制件和延长模具使用寿命的重要因素。

1. 冲压模具的维护

冲压模具在使用一段时间后会出现各类故障和问题，从而影响冲压生产的正常进行，甚至造成冲压模具的破坏或发生安全事故。为了保证冲模安全可靠地工作，必须重视其维护工作。模具的维护工作包括生产过程中的维护（如满足用料要求、坯料不能重叠冲裁等），也包括上班前和下班后的维护。

模具的维护项目与维护过程见表3-8。

表3-8　模具的维护项目与维护过程

维护项目	维护过程
模具使用前的准备工作	1）对照工艺文件，检查模具的型号、规格与工艺文件是否一致 2）了解模具的使用性能、方法、结构特点及动作原理 3）检查模具是否完好、安装是否正确以及模具与冲压设备是否匹配

（续）

维护项目	维护过程
模具使用过程中的维护	1）遵守操作规程，防止乱放、乱碰及违规操作 2）模具运转时要随时检查，发现异常应立刻停机检修 3）定时对模具各滑动部位进行润滑
模具的拆卸	1）模具使用后，按照正常程序拆卸 2）拆卸后的模具要擦拭干净，涂油防锈 3）模具吊运要慢起、轻放
模具的保管及养护	1）保管模具的地方要通风、干燥 2）定期检修，以保证良好的技术状态 3）维修后的模具要进行试模，重新鉴定技术状态

2. 冲压模具的修理

冲压模具的修理，首先是对不合格的制件及模具进行初步分析，熟悉和了解整副模具工作时的动作和各零件在装配图中的位置、作用及配合关系，找出模具的损坏部位；其次是拆卸模具，全面检测，找出模具损坏的原因，明确维修对象，确定维修方案，制订维修工艺，按照修复方法修理或更换受损零件。装配时，对修理后的零件应按照原装配关系，并按照先后次序进行调整、配合；最后经总装及试模合格，才能重新投入使用。

在生产中，冲压模具损坏后的修理分为随机故障修理和翻修两种方法。冲压模具损坏的原因很多，在工作过程中，对出现的问题要视冲模损坏的程度，或者采用在压力机上随机处理，或者采用卸下模具进行翻修。

常见的随机检修、翻修方法及其内容见表3-9；模具修理常用的工具及设备见表3-10。

表3-9　常见的随机检修、翻修方法及其内容

检修方法	检修内容
随机故障修理	1）换易损备件 2）刃磨凸、凹模刃口 3）修磨与抛光
翻修	1）镶嵌法：此法凹模零件常用，凸模相对用得较少 2）更新法：此法凸模、导正销等零件用得较多

表3-10　模具修理常用的工具及设备

项　目	名　称	主要用途
设备	压力机	能供一般小型冲模作冲裁、弯曲、拉深用，如J21—16、J21—63等压力机
	0.5kN齿条式手动压力机	供小型零件的压入或压出，制作备件时的压印锉修
	锉床	锉修零件用
	手推起重小车	供模具运输及搬运用
	台式钻床	供钻孔用

（续）

项 目	名 称	主 要 用 途
工具	台虎钳	供钳工用
		主要用于开启模具
	定位块　定位块	配作模具锉修时，将夹板置于台虎钳的钳口内
		装夹零件和组装模具时用
		用于取拔、装圆柱销（销孔不通时）
		用于安装和退出销钉（销钉为通孔时）
	平行垫铁	支承模具，防止其刃口部分直接与平台面接触；拆卸模具时用
	铜锤	调整冲模间隙及相对位置
	其他必备工具：锤子，一字、十字螺钉旋具和内六角螺钉扳手等	用于取出和拧紧螺钉
切削工具	细纹整形锉金刚石整形锉、硬质合金旋转锉刀	每组 5～12 支，用于锉修成形，有柱形、锥形、弧形、球形、圆片形等，根据需要配置，用于修整零件
	磨石	各种规格型号的磨石，粒度在 100～200，用于修整零件
	抛光轮	布、皮革及毛毡三种，用于抛光零件
	砂布	粒度有 46、80、120、180，用于零件的抛光
量具	千分尺、游标卡尺、游标高度尺、游标万能角度尺、塞尺、半圆规、放大镜（5 倍以上）	划线、测量和检查用

3. 冲压模具的修理方法

（1）工作零件的修理方法

1）挤胀法。对于生产量小、制品厚度又较薄的落料凹模，由于刃口长期使用及刃磨，其间隙将逐渐变大。要减小变大了的间隙，可以采用锤击挤胀的方法使刃口附近的金属向刃口边缘移动，从而减小凹模孔的尺寸（或加大凸模尺寸），达到缩小间隙的目的。具体方法如下：

① 首先将凹模或凸模的淬火硬度降低至 38～42HRC，即对其局部
进行加热。

② 用锤子敲击、挤胀，如图 3-5 所示。

③ 达到需要的挤出量后，用压印的方法把刃口修整出来。

④ 进行热处理淬硬后即可使用。

2）镶拼法。在冲模零件的局部损坏处，通过线切割等方法将其损
坏部分切掉一块，然后镶嵌上一块大小、形状、性能一样的新材料，再
修整到原来的刃口形状及间隙值继续使用。具体方法如下：

① 对损坏了的凸、凹模进行退火处理，使硬度降低。

② 把被损坏或磨损部位割掉，用线切割或手工锉修成工字或燕尾形槽。

③ 将制成的镶块嵌镶在型槽内，镶嵌得要牢固，不得有明显缝隙。

④ 大型镶块可用螺钉及销钉紧固，小型镶块也可以用螺纹塞柱塞紧后，再重新钻孔修
磨，如图 3-6 所示。

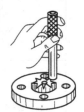

图 3-5　挤胀法

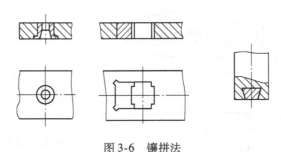

图 3-6　镶拼法

⑤ 镶嵌后的镶块按图样加工成形，并修磨刃口。

⑥ 将修整好的凸、凹模刃口重新淬硬，修整后即可使用。

3）焊接法。对于大中型冲模，当凸、凹模出现裂纹及局部损坏时，可以利用焊接法对
其进行修补。其方法如下：

① 将啃坏部分或崩刃部分的凹模（凸模）用砂轮磨成与刃口平面成 30°～45°的斜面，
宽度视损坏程度而定，一般为 4～6mm。如果是裂纹，则可以用砂轮片磨出坡口，其深度应
根据镶块大小而定。若是孔边缘崩刃，则应按内孔直径压配一根黄铜芯棒于凹模孔内，如
图 3-7 所示。

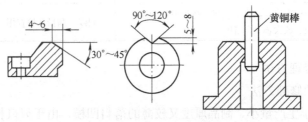

图 3-7　焊接法

② 对于 Cr12MoV、9CrSi 等材料的镶块，先按回火温度预热，加热速度为 0.8 ~ 1.0mm/min，加热时间不应少于 45min。对于 T10 钢的小型镶块可以不必预热。

③ 预热的工作镶块出炉后，应立即在加热炉旁进行补焊。焊接需要的电流大小，视工件大小及焊条粗细而定，一般使用直流电焊机，数值在 120A 左右。电流不能太大，否则会造成焊缝边缘及端部咬口。

④ 焊接后的工件应立即放入炉内，按原温度保温 30 ~ 60min，随炉冷却到 100℃ 以下出炉空冷。

⑤ 用磨床磨削加工到规定尺寸。采用焊接法补焊凸、凹模时，焊条要保持干燥，否则焊缝处会出现气孔，从而影响使用。其焊条应采用与基体相同的材料。

4）套箍法。对于凹模孔复杂、外形又不是很大的凹模，若型孔出现裂纹，可以采用套箍法将其箍紧，如图 3-8 所示。其方法如下：

① 将套箍 2 加热烧红。

② 把裂损的凹模 1 压入赤红的套箍 2 中。

③ 冷却后，由于热胀冷缩，有裂纹的凹模就被紧紧地箍套在套箍中。由于裂纹受到套箍四周的预应力作用，在使用时便不会再顺其发展，从而可延长凹模的使用寿命。

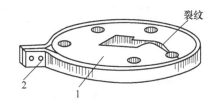

图 3-8　套箍法

1—凹模　2—套箍

对于大中型冲模的方形凹模，可采用图 3-9 所示的加链板形箍法进行修理。

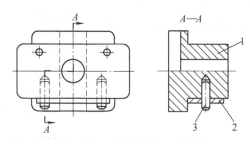

图 3-9　加链板形箍法

1—凹模　2—链板　3—拉紧轴

（2）紧固零件的修理方法

1）扩孔法。将损坏的螺纹孔或销孔改成直径较大的螺纹孔或销孔，然后重新选用相应的螺钉或销钉。

2）镶拼法。将损坏的螺纹孔或销孔扩大成圆柱孔，镶嵌入柱塞，然后重新按原位置、原大小加工螺纹孔或销孔。

（3）备件的配作方法

1）压印配作法。先把备件坯料的各部分尺寸按图样进行粗加工，并磨光上、下平面；按照模具底板、固定板或原来的冲模零件把螺钉孔和销孔一次加工到规定尺寸；把备件坯料紧固在冲模上，然后用铜锤敲击或用手扳压力机进行压印；压印后卸下坯料，按刀痕进行锉修加工；把坯料装入冲模中，进行第二次压印和锉修；反复压印和锉修，直到合适为止。

2）划印配作法。用原来的冲模零件划印，把废损的工件与坯件夹紧在一起，再沿其刃口在坯件上划出一个带有加工余量的刃口轮廓线，然后按这条轮廓线进行加工，最后用压印法来修正成形。

3）芯棒定位加工。对于带有圆孔的冲模备件，为使其与原模保持同心，加工时可以用芯棒来定位加工。

4）定位销定位加工。在加工非圆形孔时，可以用定位销定位后按原模配作加工。

5）线切割加工。销孔、工作孔都可用线切割加工。

常见的冲模凸、凹模的损坏形式及修理方法见表3-11。

表3-11 常见的冲模凸、凹模的损坏形式及修理方法

损坏形式	修理方法	说明
凸、凹模之间的间隙变大	1）更换凹模 2）更换凸模 3）用挤胀法修复刃口 4）镶拼法	1）用于凹模刃口尺寸已变大的情况 2）用于凸模工作部分尺寸已变小的情况 3）将凹模刃口硬度降至38～42HRC，即局部加热 4）主要用于刃口的局部间隙太大的情况，则可采取割去一块，然后镶嵌一块的方法
凸、凹模刃口局部崩掉	1）用磨削的方法将崩刃的部分磨去，恢复原状 2）堆焊补上崩掉的部分 3）更换新的凸模	1）用于崩刃面积不太大的情况。用磨削法将刃刀部分全部磨去，使其恢复原形 2）当凸、凹模刃口局部崩掉时，可将崩掉的部分用与凸、凹模基体材料相同的焊条堆焊补上，进行表面退火后，按图样要求进行加工
凸、凹模刃口变钝	1）用平面磨床刃磨掉变钝的部分 2）用磨石研磨	1）每次研磨量不要太大，一般为0.1mm左右，刃磨时每次进给量要适中，不能太深，防止将刃口硬度降低 2）用于刃口硬度变钝不太严重、模具又没拆开的情况
凸模断裂	更换新凸模	设计制造新模具时应考虑制作备件
凹模上有裂纹	套箍法	冷却后凹模被夹紧，使裂纹不再扩大
	焊接法	用焊接法将裂纹补住，使其不再发展
	换新凹模	

思考与练习

1. 曲柄压力机的主要技术参数有哪些？
2. 简述冲模的安装步骤。
3. 简述冲模调试的目的及内容。
4. 冲模工作零件的修理方法有哪几种？
5. 冲模的维修项目有哪些？

第4章　塑料模具装配

学习目标

1. 掌握塑料模具零部件的组装方法及技术要求。
2. 了解标准模架及其装配工艺。
3. 理解塑料模具总装配工艺过程。
4. 能够按照模具装配要求，独立完成整副模具的总装配。

将完成全部加工，经检验符合图样和有关技术要求的塑料模具成形件、结构件及配购的标准件（标准模架等）和通用件，按总装配图的技术要求及装配工艺顺序逐件进行配合、修整、安装和定位，经检验及调整合格后，加以连接、紧固，使之成为整体模具的过程称为塑料模具装配。

装配好的模具，首先进行初次试模，经检验合格后方可进行小批量试生产，以进一步检验模具质量的稳定性及可靠性。若试模中发现问题或样品检验不合格，则必须进行调整和修配，直至完全符合要求。从装配到交付合格的商品模具为止的全过程称为塑料模具装配工艺过程。塑料模具装配时要注意以下几方面：

1）装配前，装配者应熟知模具结构、特点和各部功能，并熟悉产品及其技术要求；确定装配顺序和装配定位基准以及检验标准和方法。

2）所有成型件、结构件都应当是经检验确认的合格件。检验中如有个别零件有个别不合格尺寸或部位，则必须经模具设计者或技术负责人确认不影响模具使用性能和使用寿命，不影响装配。否则，有问题的零件不能进行装配。配购的标准件和通用件也必须是经过进厂入库检验合格的成品。同样，不合格的不能进行装配。

3）装配的所有零部件均应经过清洗、擦干。有配合要求的，装配时涂以适量的润滑油。装配时所有的工具应清洁、无垢无尘。

4）模具的组装、总装应在平整、洁净的平台上进行，尤其是精密部件的组装。

5）过盈配合（H7/m6、H7/n6）和过渡配合（H7/k6）零件的装配，应在压力机上进行，一次装配到位。无压力机需进行手工装配时，不允许用铁锤直接敲击模具零件（应垫以洁净的木方或木板），而且只能使用木质或铜质的锤子。

4.1　塑料模具零部件的装配

塑料模具装配时，一般先按照装配图复检各零件，再将相互配合的零件装配成组件

（或部件），最后对这些组件（或部件）进行总装配和试模。

1. 型芯的装配

塑料模具的种类较多，其结构也各不相同，型芯在固定板上的装配固定方式也不一样。

图 4-1 所示为各种型芯的装配方式。其中图 4-1a 所示为压入式固定，与压入式凸模装配的方法相同，一般用于圆形小型芯。

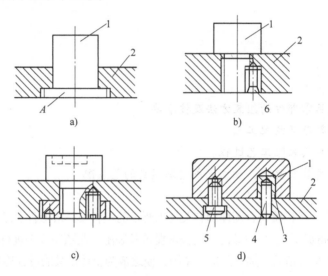

图 4-1　型芯的装配方式

1—型芯　2—固定板　3—定位销套　4—定位销　5—螺钉　6—骑缝螺钉

a）压入式固定（采用过渡配合）　b）用螺纹固定　c）用螺母、螺钉固定　d）大型芯的固定

图 4-1b 所示为用螺纹固定，一般用于热固性塑料压模。对圆形型芯，装配时先拧紧螺纹，再用骑缝螺钉定位即可；对非圆形型芯，螺纹拧紧后，型芯的实际位置与理想位置之间容易出现误差，如图 4-2 所示，其中 α 为理想位置与实际位置之间的夹角。型芯的位置误差可以通过修磨固定板与型芯的贴合面（即固定板 A 面与型芯 B 面）来消除，修磨前先预测出 α 角度大小，修磨量 Δ 按照如下公式计算

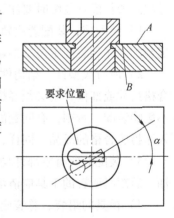

$$\Delta = P\alpha / 360°$$

式中　Δ——误差角度（°）；

　　　P——连接螺纹的螺距（mm）。

图 4-2　型芯的位置误差

图 4-1c 所示为采用螺母、螺钉固定。用螺母固定时，型芯与固定板连接段采用 H7/k6 或 H7/m6 配合；用螺钉紧固时，型芯与固定板采用 H7/h6 或 H7/m6 配合，型芯压入并调整好位置后，用螺钉紧固（型芯压入端的棱边应修磨成小圆弧）。

图 4-1d 所示为大型芯的固定，仍采用螺钉紧固方式，其装配方式（图 4-3）如下：

1）压入定位销套。

2）用定位块和平行夹头固定好型芯在固定板上的位置。

3）找正位置后加工螺钉安装孔，并用螺钉初步固定。

4）固定板与型芯同钻、铰销孔，压入销钉定位。

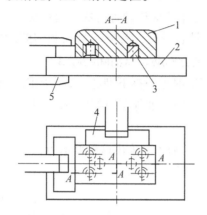

图 4-3 大型芯的装配方式

1—型芯 2—固定板 3—定位销套 4—定位块 5—平行夹头

2. 型腔的装配

除了简易的压塑模之外，一般注射模、压塑模、压铸模的型腔部分均采用镶嵌式或拼块形式。装配后要求动、定模板分型面接合紧密、无缝隙，且与模板平面一致。

（1）整体镶嵌式型腔的装配 图 4-4 所示为圆形整体镶嵌式型腔。型腔和动、定模板镶合后，其分型面上要求紧密无缝，因此，对于压入式配合的型腔，型腔压入端不允许有斜度，压入斜度一般设在模板孔处。为了装配方便，型腔与模板之间应保持 0.01～0.02mm 的配合间隙，装配后钻、铰销孔，打入止转销，然后与模板一起磨平上、下端面。

（2）拼块式型腔的装配 图 4-5 所示为拼块式型腔结构，型腔拼合面在热处理后进行磨削加工。拼块两端都应留有加工余量，待装配完毕后，再将两端和模板一起磨平。

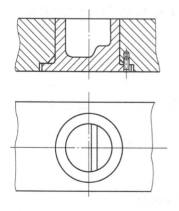

图 4-4 圆形整体镶嵌式型腔

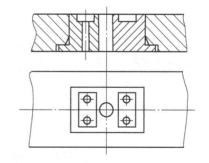

图 4-5 拼块式型腔

对于不能在热处理前加工到位的型腔，如果热处理后的硬度要求不高（如仅要求调质处理），则可在装配后采用切削方法加工到相应的尺寸；如果热处理后硬度要求较高，则装配后只能采用电火花等特种加工方法加工到相应的尺寸。无论采用哪种方法进行加工，型腔两面都应留有一定的余量，待装配后同模具一起在平面磨床上磨平。

为了不使拼块结构的型腔在压入模板的过程中，各拼块在压入方向上产生错位，应在拼块的压入端放一块平垫板，通过平垫板推动各拼块一起移动，如图 4-6 所示。

（3）型腔的修磨　塑料模具装配后，若型芯端面和型腔的底面之间出现了间隙 Δ，如图 4-7 所示，可以用以下方法进行修磨，以消除间隙 Δ。

1）修磨固定板平面 A。修磨时需要拆下型芯，磨去的固定板厚度等于间隙值 Δ。

2）修磨型腔上平面 B。磨去的厚度等于间隙值 Δ，采用此方法修磨时不需要拆卸零件，比较方便。

3）修磨型芯（或固定板）台肩 C。采用这种修磨方法时，应在型芯装配合格后将支承面 D 磨平，此法适用于多型芯模具。

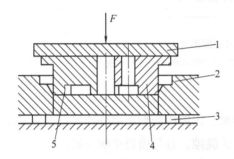

图 4-6　拼块型腔的装配
1—平垫板　2—模板　3—等高垫铁　4、5—型腔拼块

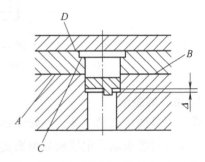

图 4-7　型芯与型腔底面间隙的消除

若装配后型腔端面与型芯固定板间出现间隙 Δ，为了消除间隙，可采用以下修配方法：

1）修磨型芯工作面 A。如图 4-8a 所示，此方法只适用于型芯端面为平面的情况。

2）在型芯台肩和固定板孔底部垫入垫片（垫片厚度等于或大于间隙值 Δ），如图 4-8b 所示，最后再一起磨平固定板和型芯支承面。此方法只适用于小型模具。

3）在固定板和型腔的上平面之间设置垫块，如图 4-8c 所示，垫块厚度不小于 2mm。此方法适用于大、中型模具。

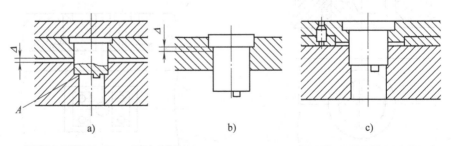

a)　　　　　　　　　b)　　　　　　　　　c)

图 4-8　型腔板与固定板间隙的消除

3. 浇口套的装配

浇口套与定模板的装配，一般采用过盈配合（H7/m6）。浇口套压入模板后，其台肩应

和沉孔底面贴紧，其压入端与配合孔间应紧密、无缝隙。所以，浇口套的压入端不允许有导入斜度，应将导入斜度开在模板上浇口套配合孔的入口处。为了防止在压入时浇口套将配合孔壁碰坏，常将浇口套的压入端倒成小圆角。加工浇口套时，应留有去除圆角的修磨余量 Z，压入后使圆角突出在模板之外，如图 4-9 所示；然后在平面磨床上磨平，如图 4-10 所示；最后再把修磨后的浇口套稍微退出，将固定板磨去 0.02mm，重新压入后成为图 4-11 所示的形式。对于台肩比定模板高出的 0.02mm 的情况，可采用修磨的方法来保证。

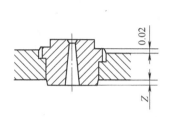

图 4-9　装配后的浇口套

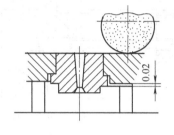

图 4-10　修磨浇口套

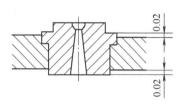

图 4-11　修磨后的浇口套

4. 导柱、导套的装配

导柱、导套分别安装在塑料模的动模和定模部分上，是模具合模和开模的导向装置。导柱、导套采用压入式装入模板的导柱和导套孔内，对于不同结构的导柱，所采用的装配方法也不同。短导柱可以采用图 4-12 所示的方法压入；较长的导柱应在定模板上的导套装配完成之后，以导套导向，将导柱压入动模板内，如图 4-13 所示。

导柱、导套装配后，应保证动模板在开模、合模时都能滑动灵活，无卡滞现象。因此，加工时除保证导柱、导套和模板等零件间的配合要求外，还应保证动、定模板上导柱和导套安装孔的中心距一致（其误差不大于 0.01mm）。压入前，应对导柱、导套进行选配。压入模板后，导柱和导套孔应与模板的安装基面垂直。如果装配后开模、合模不灵活，有卡滞现象，可用朱丹粉涂于导柱表面，往复拉动动模板，观察卡滞部位，分析原因，然后将导柱退出并重新装配。每装入一根导柱均应作上述观察。最先装配的应是距离最远的两根导柱。

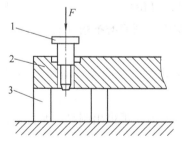

图 4-12　短导柱的装配
1—导柱　2—模板　3—等高垫铁

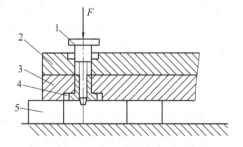

图 4-13　长导柱的装配
1—导柱　2—固定板　3—定模板　4—导套　5—等高垫铁

5. 推出机构的装配

塑料模具的推出机构一般由推板、推杆、推杆固定板、导柱和复位杆等组成，如图 4-14 所示。推杆与推件板装配后，应保证脱模运动平稳，无卡滞现象。推杆装配时应逐一检查，并保证推杆在固定板孔内每边有 0.5mm 的间隙。推杆工作端面应高出型面 0.05～0.10mm；复位杆工作端面应低于分型面 0.02～0.05mm。完成制品推出后，推杆应能在合模时自动退回到原始位置。

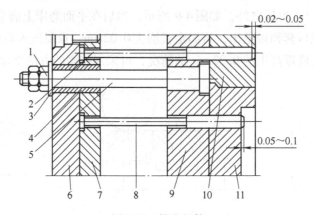

图 4-14　推出机构

1—螺母　2—复位杆　3—垫圈　4—导套　5—导柱　6—推板

7—推杆固定板　8—推杆　9—支承板　10—动模板　11—型腔镶件

推件板装配时，应保证推件板型孔与型芯配合部分有 3°～10°的斜度，配合面的表面粗糙度值不得大于 $Ra0.8mm$，间隙须均匀，不得溢料。推顶推件板的推杆或拉杆要修磨得长度一致，以确保推件板受力均匀。推件板本身不得有翘曲变形或推出时产生弹性变形的情况。

推出机构的装配顺序如下：

1）将导柱 5 垂直压入支承板 9，并将端面与支承板一起磨平。

2）将装有导套 4 的推杆固定板 7 套装在导柱上，并将推杆 8、复位杆 2 穿入推杆固定板 7、支承板 9 和型腔镶件 11 的配合孔中，盖上推板 6，用螺钉拧紧，调整后使推杆、复位杆能灵活运动。

3）修磨推杆和复位杆的长度。如果推板和垫圈 3 接触，复位杆、推杆低于型面，则修磨导柱的台肩和支承板的上平面；如果推杆、复位杆高于型面，则修磨推板 6 底面。

6. 滑块抽芯机构的装配

滑块抽芯机构装配后，应保证滑块型芯与凹模达到所要求的配合间隙；滑块运动灵活、并有足够的行程和正确的起止位置。

滑块抽芯机构的作用是在模具开模后，将侧向型芯先行抽出，再推出制品。装配中的主要工作是侧向型芯的装配和锁紧位置的装配。

（1）型芯的装配　型芯的装配，常常要以凹模的型面为基准。一般是在滑块和滑槽、型腔和固定板装配后，再装配滑块上的侧向型芯。滑块抽芯机构中型芯的装配一般采用以下方式：

1）如图 4-15 所示，将凹模镶块拼压入凹模固定板，刃磨上、下平面并保证尺寸 A，将凹模镶块退出固定板，精加工滑块槽，其深度按 M 面决定。N 为滑块槽的底面。T 形槽按滑块台肩实际尺寸精铣后，由钳工最后修正。

2）利用压印工具在侧型芯滑块上压出圆形印迹，如图 4-16 所示。然后按印迹找正，并钻、镗型芯固定孔。

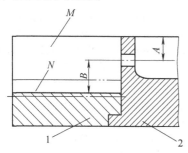

图 4-15　侧向型芯的装配（1）

1—凹模固定板　2—凹模镶块

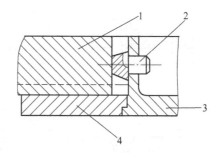

图 4-16　侧向型芯的装配（2）

1—侧型芯滑块　2—压印工具　3—凹模镶块　4—凹模固定板

（2）滑块型芯的装配　在模具闭合时，滑块型芯应与定模型芯接触，如图 4-17 所示。一般都在型芯上留出余量，然后通过修磨来达到要求尺寸。其操作过程如下：

1）将型芯端部磨成和定模型芯相应部位吻合的形状。

2）将滑块装入滑块槽，使端面与型腔镶块的 A 面接触，测得尺寸 b。

3）将型芯装入滑块并推入滑块槽，使滑块型芯与定模型芯接触，测得尺寸 a。

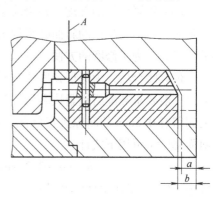

图 4-17　装配滑块型芯

4）修磨滑块型芯，其修磨量为 $0.05 \sim 0.1$mm（即 $b - a$）。

5）将修磨正确的型芯与滑块配钻销钉孔后用销钉定位。

滑块型芯与型腔镶块孔的配制方法见表 4-1。

表 4-1　滑块型芯与型腔镶块孔的配制方法

结构形式	结构简图	加工示意图	说　　明
圆形的滑块型芯穿过型腔镶块		a) b)	方法一（图 a） 1）测量出 a 与 b 的尺寸 2）在滑块的相应位置，按测量的实际尺寸镗型芯安装孔。如孔尺寸较大，可先用镗刀镗 ϕ（6～10）mm 的孔，然后在车床上校正孔后车制 方法二（图 b） 利用二类工具压印，在滑块上压出中心孔与一个圆形印，用车床加工型芯孔时可校正此圆

（续）

结构形式	结构简图	加工示意图	说　　明
非圆形滑块型芯穿过型腔镶块	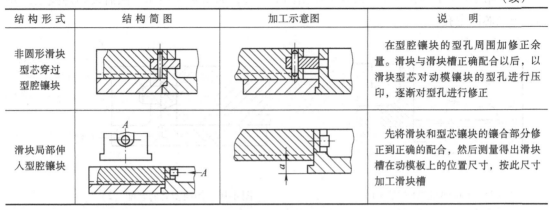		在型腔镶块的型孔周围加修正余量。滑块与滑块槽正确配合以后，以滑块型芯对动模镶块的型孔进行压印，逐渐对型孔进行修正
滑块局部伸入型腔镶块			先将滑块和型芯镶块的镶合部分修正到正确的配合，然后测量得出滑块槽在动模板上的位置尺寸，按此尺寸加工滑块槽

（3）锁紧位置的装配　在滑块型芯和型腔侧向孔修配密合后，便可确定锁紧块的位置。锁紧块的斜面和滑块的斜面必须均匀接触。由于零件加工和装配中存在误差，所以装配中需进行修磨。为了修磨的方便，一般对滑块的斜面进行修磨。

模具闭合后，为保证锁紧块和滑块之间有一定的锁紧力，一般要求装配后锁紧块和滑块斜面接触后，在分模面之间留有 0.2mm 的间隙进行修配，如图 4-18 所示。滑块斜面修磨量可用下式计算

$$b = (a - 0.2)\sin\alpha$$

式中　b——滑块斜面修磨量；

　　　a——闭模后测得的实际间隙；

　　　α——锁紧块的斜度。

（4）滑块复位、定位装置的装配　模具开模后，滑块在斜导柱的作用下被侧向抽出。为了保证合模时斜导柱能

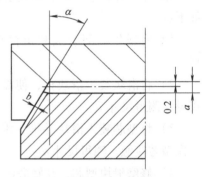

图 4-18　滑块斜面修磨量

正确进入滑块的斜导柱孔，必须对滑块设置复位、定位装置。图 4-19 所示为用定位板进行滑块复位的定位装置。滑块复位的正确位置，可以通过修磨定位板的接触平面进行准确调整。

若滑块复位采用滚珠、弹簧定位，如图 4-20 所示，则在装配中需在滑块上配钻位置正确的滚珠定位锥窝，以达到正确定位目的。锥窝可以采用划线法或涂朱丹粉的方法进行找正加工。

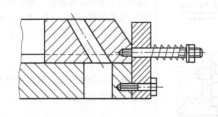

图 4-19　用定位板进行滑块复位的定位装置

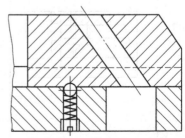

图 4-20　用滚珠进行滑块复位的定位装置

4.2 标准模架及其工艺

1. 塑料注射模模架结构

模架是塑料模具的骨骼，它可以将塑料模具的各个零部件（或组件）有机地结为整体，如图4-21所示。标准模架一般由定模座板、定模板、动模板、动模支承板、垫块、动模座板、推杆固定板、推板、导柱、导套及复位杆等组成。

塑料模具的基本结构基本相同，所以使用标准模架可以提高模具的质量、缩短模具的制造周期及降低模具的制造费用。目前，我国塑料注射模架的国家标准有两个，即 GB/T 12556—2006 和 GB/T 12555—2006。

塑料注射模模架主要有单分型面注射模和双分型面注射模两种。

单分型面（也称双板式）模架的定模由定模座板和定模板组成，动模由动模板及其他零件（如动模支承板）组成。在定模板和动模板之间只有一个分型面，适用于推杆推出机构。

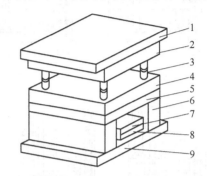

图 4-21　常见塑料模具模架

1—定模座板　2—定模板　3—导柱及导套
4—动模板　5—动模支承板　6—垫块
7—推杆固定板　8—推板　9—动模座板

双分型面模架是在动模上增加一块推件板，故也称三板式模架，适用于推件板推出机构。

2. 注射模标准模架

（1）中小型标准模架　依据 GB/T 12556—2006 的规定，中小型模架的周界尺寸范围小于或等于560mm×900mm。国家标准中模架的形式由其品种、系列、规格以及导柱和导套的安装形式等内容决定。模架的品种是指模架的基本构成形式，每一模架型号代表一个品种。模架型号包括模具所采用的浇口形式、制件脱模方法和动、定模板组成数目等，分为4种基本型（图4-22）和9种派生型（图4-23），共13种。

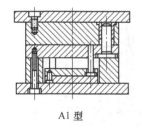
A1 型

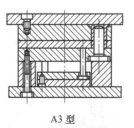
A2 型

A3 型

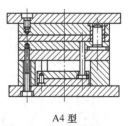
A4 型

图 4-22　中小型标准模架基本型

（2）大型标准模架　依据 GB/T 12555—2006 的规定，大型标准模架的周界尺寸范围为630mm×630mm ～1250mm×2000mm，适用于大型热塑料注射模。模架品种有由 A 型、B 型组成的基本型（图 4-24）以及由 P1～P4 组成的派生型（图 4-25），共 6 种。A 型同中小型模架中的 A1 型，B 型同中小型模架中的 A2 型。各类型模架的组成、功能及用途见表 4-2。

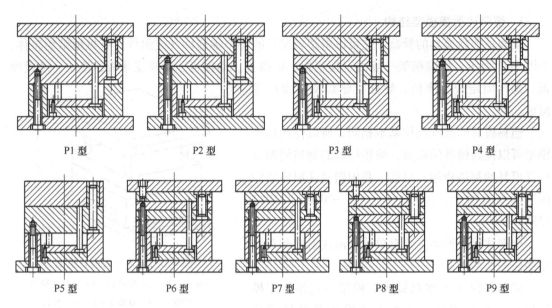

P1 型   P2 型   P3 型   P4 型

P5 型   P6 型   P7 型   P8 型   P9 型

图 4-23　中小型标准模架派生型

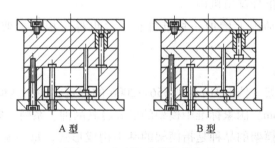

A 型   B 型

图 4-24　大型标准模架基本型

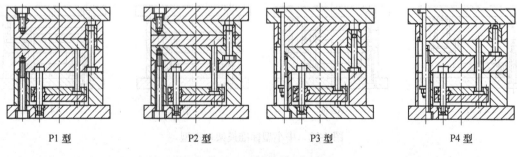

P1 型   P2 型   P3 型   P4 型

图 4-25　大型标准模架派生型

4 CHAPTER

表 4-2　模架的组成、功能及用途

类　型	型　号	组成、功能及用途
基本型模架	中小模架 A1 型 （大型模架 A 型）	定模采用两块模板，动模采用一块模板，无支承板。设置以推杆推出塑件的机构组成模架。适用于立式或卧式注射机，单分型面一般设在合模面上，可设计成多个型腔，成型多个塑件的注射模
	中小模架 A2 型 （大型模架 B 型）	定模和动模均采用两块板，有支承板。设置以推杆推出塑件的机构组成模架。适用于立式或卧式注射机，用于直浇道，采用斜导柱侧向抽芯、单型腔成型，其分型面可在合模面上，也可设置斜滑块垂直分型、脱模式机构的注射模
	中小模架 A3、A4 型 （大型模架 P1、P2 型）	定模采用两块模板，动模采用一块模板，它们之间设置一块推件板连接推出机构，用以推出塑件，无支承板 A3、A4 型均适用于立式或卧式注射机，适用于薄壁壳体形塑件，脱模力大，塑件表面不允许留有顶出痕迹的注射成型模具
派生型模架	中小模架 P1 ~ P4 型 （大型模架 P3、P4 型）	P1 ~ P4 型由基本型 A1 ~ A4 对应派生而成，结构形式上的不同点在于去掉了 A1 ~ A4 型定模板上的固定螺钉，使定模部分增加了一个分型面，多用于点浇口形式的注射模。其功能和用途符合 A1 ~ A4 型的要求
	中小模架 P5 型	由两块模板组合而成，主要适用于直浇口、简单整体型腔结构的注射模
	中小模架 P6 ~ P9 型	其中 P6 与 P7，P8 和 P9 是互相对应的结构，P7 和 P9 相对于 P6 和 P8 只是去掉了定模座板上的固定螺钉。这些模架均适用于复杂结构的注射模，如定距分型自动脱落浇口式注射模等

3. 模架装配的主要技术要求

1）模架上、下平面的平行度误差，在 300mm 长度内应不大于 0.005mm（精度要求高的为 0.002mm）。

2）导柱与导套轴线对模板的垂直度误差，在 100mm 长度内不大于 0.02mm。

3）导柱与导套的配合间隙应控制在 0.02 ~ 0.04mm 之间。

4）导柱、导套与模板孔固定结合面间不允许有间隙。

5）分型面闭合时，应紧密贴合，如局部有间隙，其间隙应不大于 0.03mm。

6）复位杆定端面应与分型面平齐，复位杆与动模板的配合为 H7/e7。

4. 标准模架的选用方法

（1）模架型号的选择　按照制件型腔和型芯的结构形式、脱模动作、浇注形式确定模架的结构型号。

（2）模架系列的选择　根据制件最大外形尺寸、模具零件的结构动作范围、附加零件的布局、冷却系统等，选择组成模架的模板板面尺寸（尺寸应符合所选注射机对模具的安装要求），以确定模架的系列。

（3）模架规格的选择　分析模板受力部位，进行强（刚）度计算，在规定的模板厚度范围内确定各模板的厚度和导柱长度，以确定模架的规格。

4.3 塑料模具总装配

塑料模具是由模具零部件装配而成的，所以模具的装配精度取决于有关零部件的加工精度、装配及调整时采用的方法。模具零件的加工精度是保证模具装配精度的基础。所以在加工时，必须严格控制模具零件的形状、尺寸及位置的误差，使之在装配后仍能满足装配精度的要求；另一方面，对一些装配精度要求高的塑料模具，往往在现有的设备条件下难以达到精度要求，此时，可根据经济加工精度来确定零件的制造公差，以便于加工。但在装配时，必须采取正确合理的装配、调整方法来确保模具的装配精度。

对于装配人员，不能仅会简单地将模具零件组装成为一副完整的模具，重要的是能根据塑件的要求和模具的装配关系，独立地进行分析、判断、计算与调整。可见，要确保模具的装配精度，必须从制品设计、模具设计、零件的加工精度、模具的装配方法等整个过程来综合考虑、分析。如果某个环节上有问题，则会在装配、试模过程中集中反映出来。塑料模具的制造属于单件、小批量生产，在装配技术方面有其特殊性，目前仍采用以模具钳工修配和调整为主的装配方法。

1. 塑料模具总装配技术要求

塑料模具的装配与冲压模具的装配有很多相同点，但塑料制品是在高温、高压及熔融状态下成型的，所以对各组件之间的配合要求极为严格。装配时，其技术要求涉及外观、成型零件、浇注系统、活动零件、紧固件、推出机构、导向机构及温度调节系统等。具体的技术要求详见表4-3。

表 4-3　塑料模具总装配技术要求

序　号	零部件名称	装配技术要求
1	外观	1）模具非工作部分的棱边应倒角 2）装配后的闭合高度、安装部位的配合尺寸、推出形式、开模距离等均应符合设计及使用设备的技术条件 3）模具装配后各分型面要配合严密 4）各零件间的支承面要互相平行，平行度误差在 200mm 内不大于 0.05mm 5）大、中型模具应设有吊钩、吊环，以便模具安装使用 6）模具装配后需打刻度、定模方向记号、编号、图号及使用设备型号等
2	成型零件	1）成型零件尺寸与形状精度及表面粗糙度值应符合图样要求，表面不得有碰伤、划痕、裂纹及锈蚀等 2）装配时，成型表面先粗抛光到表面粗糙度值为 $Ra0.2\,\mu m$，试模后精细抛光，抛光方向应与脱模方向一致。成型表面文字、图案及花纹等应在试模合格后再加工 3）型腔镶块或型芯、拼块应定位准确，拼合面配合紧密，不得有松动 4）需要互相接触的型腔或型芯零件应有适当的间隙与合理的承压面积，以防合模时互相挤压产生变形或碎裂 5）合模时需要有互相对擦配合的成型零件，其接触面应有足够的斜面，以防碰伤或啃坏 6）型腔边缘分型面应保持锐角，不得有毛刺或修圆，型腔周边沿口 20mm 范围内分型面应达到 90% 的接触度，型芯分型面处应保持平整、无损伤、无变形 7）活动成型零件或镶嵌件应定位可靠、间隙适当、活动灵活，不能有溢料流出

序 号	零部件名称	装配技术要求
3	浇注系统	1）浇注系统应畅通无阻，表面光滑，尺寸与表面粗糙度值符合设计要求 2）主流道及点浇口的锥孔部分，抛光方向应与浇注系统的凝料脱模方向一致，表面不得有凹痕及抛光痕迹 3）圆形截面流道，两半圆对合不能错位，多级分流道拐弯处应圆滑过渡，流道拉料杆伸入流道部分，尺寸应准确一致
4	导柱、导套	1）导柱、导套的尺寸精度、几何精度和表面粗糙度值应达到国标所规定的各项技术指标 2）导柱固定部分与模板固定孔的配合为 H7/k6，当采用带头导套时，导套固定部分与模板固定孔的配合为 H7/k6；当采用直导套时，二者的配合为 H7/n6
5	推出机构	1）推出机构应运动灵活，工作平稳、可靠。推出元件配合间隙适当，既不允许有溢料发生，又不允许有卡滞现象 2）推出元件应有足够的强度与刚度，工作时受力均匀 3）当推件板的尺寸与重量较大时，应安装推板导柱，以保证推出机构工作平稳
6	滑块抽芯机构	1）滑块抽芯机构应运动灵活、平稳，各元件工作时互相协调，滑块导向与侧型芯配合部位的间隙合理，互不干涉 2）滑块导滑精度要高，定位准确可靠，锁紧块固定牢靠，工作时不得产生变形与松动 3）斜导柱不应承受对滑块的侧向锁紧力，滑块被锁紧时，斜导柱与滑块斜孔之间应留有不小于 0.5mm 的间隙 4）模具闭合时，锁紧块斜面必须与滑块斜面均匀接触，并保证接触面积不小于 80%
7	活动零件	1）各滑动零件的配合间隙要适当，起、止位置定位要准确可靠 2）活动零件导向部位运动平稳、灵活、互相协调一致，不得有卡紧及阻滞现象
8	锁紧紧固零件	1）锁紧零件要紧固有力、准确及可靠 2）紧固零件紧固有力，不得松动 3）定位零件要配合松紧适当，不得有松动现象
9	导向机构	1）导柱、导套装配后，应垂直于模板，活动平稳，无卡阻现象 2）导向精度要达到设计要求，对动、定模有良好的导向、定位作用 3）斜导柱应具有足够的强度、刚度及耐磨性，与滑块的配合适当，导向正确 4）滑块与滑槽配合松紧适度，无卡阻现象
10	加热冷却系统	1）冷却装置要安装牢靠，密封可靠，不得有渗漏现象 2）加热装置安装后要保证绝缘，不得有漏电现象 3）各控制装置安装后，动作要准确、灵活，转换及时、协调一致

2. 装配基准的选择

塑料模具结构复杂，零部件数量较多，装配时基准的选择对保证模具的装配质量尤为重要。依据加工设备、工艺水平的不同，基准的选择方式有以下两种。

（1）以型芯、型腔为装配基准　型芯、型腔是模具的主要成型零件，以型芯、型腔为装配基准，称为第一基准。当动、定模在合模后有正确的配合要求，相互之间易于对中时，装配时以型芯、型腔为基准，在动、定模相互对中后再安装导柱和导套。如图 4-26 所示，在合模时可由动模的小型芯 2 穿入定模镶块 1 孔中来找正位置，故可以先进行动、定模的装配，装配后加工导柱 4、导套孔 3 并安装。

（2）以导柱、导套为装配基准　以标准模架上的导柱、导套为装配基准，称为第二基准。当模具具有不规则形状的型腔时，合模时很难找正相对位置，这时可先装配导柱、导套，再以装配后的导柱、导套定位，加工定模、动模固定孔，如图 4-27 所示。

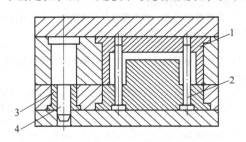

图 4-26　动、定模易于找正的结构

1—定模镶块　2—小型芯（动模）　3—导套孔　4—导柱

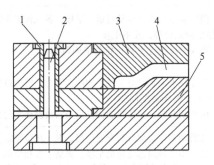

图 4-27　找正困难的模具结构

1—导柱　2—导套　3—定模型腔　4—型腔　5—动模型芯

3. 塑料模具的装配顺序

1）确定装配基准。

2）装配前对零件进行检测，对合格零件去磁和清洗。

3）调整修磨零件组装后的累计误差，保证分型面接触紧密，防止产生飞边。

4）装配中尽量保持原加工尺寸的基准面，以便总装合模调整时检查。

5）组装导向系统时，应保证开、合模动作灵活，无松动、卡滞现象。

6）组装推出机构时，应调整好复位及顶出位置等。

7）组装型芯、镶件时，应保证配合面间的间隙达到要求。

8）组装冷却和加热系统时，应保证管路畅通，不漏水、不漏电，阀门动作灵活。

9）组装液压、气动系统时，应保证其运行正常。

10）紧固所有连接螺钉，装配定位销。

11）试模，合格后打上标记。

4. 塑料模具装配工艺过程

（1）研究装配关系　由于塑料制品形状复杂、结构各异，故其成型工艺要求也不尽相同，模具结构与动作要求及装配精度差别较大。因此，在模具装配前应充分了解模具总体结构类型与特点，仔细分析各组成零件间的装配关系、配合精度及结构功能，认真研究模具工作时的动作关系及装配技术要求，从而确定装配基准及装配方法。

（2）零件的清理与准备　根据模具装配图上的零件明细表，清点与整理所有零件，清洗零件表面污物，去除毛刺，准备标准件。对照零件图检查各主要零件的尺寸和几何精度、配合间隙、表面粗糙度、修整余量、材料与热处理以及有无变形、划伤或裂纹等缺陷。

（3）组件装配　按照装配技术要求，将相关零件组装成组件（或部件），为总装配做准备。

（4）总装配　模具总装配时，首先要选择装配基准，安排好动、定模（或上、下模）的装配顺序。将各零件与已组装的部件按结构或动作要求顺序地组装到一起，形成一副完整模具。这一过程不是简单的零件与部件的组合，而是边装配、边检测、边调整的过程。最终必须保证装配精度，满足各项装配技术要求。

模具装配后，应将其对合置于装配平台上，试拉模具各分型面，检查开距及限位机构动作是否准确可靠；推出机构的运动是否平稳，行程是否足够；侧向抽芯机构是否灵活。一切检查无误后，将模具合好，准备试模。

（5）试模及调整　组装后的模具并不一定就是合格的模具，真正合格的模具要通过试模验证，才能够生产出合格的制品。这一阶段仍需对模具进行整体或部分的装拆与修磨调整，甚至是补充加工。经试模合格后的模具，还需对各成型零件的成型表面进行最终的精抛光。

5. 热塑性注射模总装配

图 4-28 所示为壳体件塑料注射模，塑料制品材料为 ABS。从模具装配图中可以确定，该模具为阶梯分型注射模，定模 17 与卸料板 18 形成模具分型面，由动模型芯 9、定模型芯 12 和 15 以及镶块 11、16 共同构成型腔。

装配要求：模具上、下平面的平行度误差不大于 0.05mm；分型面处需紧密贴合；推出制件时，推杆与推件板的动作必须保持同步；上、下模型芯必须紧密接触。

根据分析可知，该模具装配的关键是型腔和分型面。装配时，需要解决以下问题：

1）分型面的吻合性，特别是斜面的吻合性。

2）装配时型腔尺寸的控制。

3）各小型芯与动模型面的吻合性。

4）卸料板与动模型芯间隙的保证。

（1）装配前的准备　装配人员应仔细阅读制品图及模具装配图，了解模具的结构特点、动作原理及技术要求，选择合理的装配方法、装配基准及装配顺序。并按照图样要求检查各零件的质量，同时准备好必要的标准件，如螺钉、销钉及装配用的辅助工具等。

（2）装配步骤

步骤一：装配导柱、导套。清除导柱 5，导套 8、10 及孔内的毛刺；检查导柱、导套的台肩，其厚度大于沉头孔的部分应修磨；将导柱、导套分别压入定模 17、卸料板 18 和支承板 6 内，并保持导向可靠、滑动灵活。

第 4 章　塑料模具装配

103

4 CHAPTER

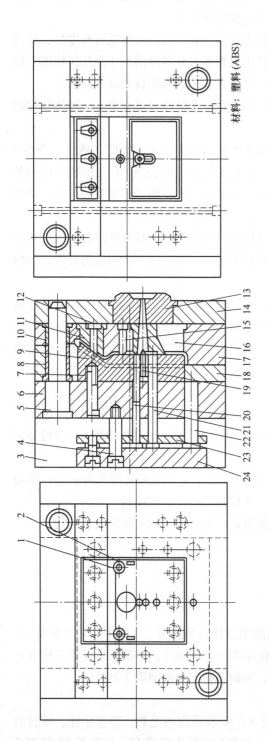

材料：塑料（ABS）

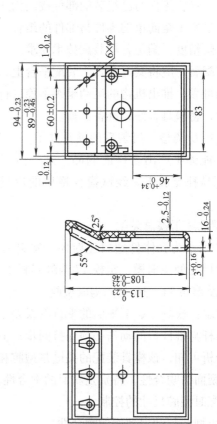

图4-28 热塑性塑料注射模

1—嵌件螺杆 2—矩形推杆 3—模脚 4—限位螺钉 5—导柱 6—支承板 7—销套 8、10—导套 9、12、15—型芯 11、16—镶块 13—浇口套 14—定模座板 17—定模 18—卸料板 19—拉料杆 20、21—推杆 22—复位杆 23—推杆固定板 24—推板 （推件板）

步骤二：装配型芯与卸料板及支承板。钳工修光卸料板型孔，并与型芯 9 做配合检查，要求滑动灵活；将支承板与卸料板合拢，将型芯的螺钉孔口部涂以红粉，然后放入卸料板型孔内，在支承板上复印出螺钉通孔的位置；移去卸料板与型芯，在支承板上钻螺钉通孔，并锪沉头孔；将销套压入型芯，拉杆装入型芯；将卸料板、型芯及支承板装合在一起，调整到正确位置后，用螺钉紧固；同时钻、铰支承板和型芯的销钉孔；压入销钉。

步骤三：装配模脚与支承板。在模脚 3 上钻螺钉通孔和锪沉头孔，钻销钉孔（留铰孔余量）；使模脚与推板外形接触，然后将模脚与支承板用平行夹头夹紧；钻头通过模脚孔向支承板配钻螺钉孔与销钉孔。

步骤四：装配定模镶块与定模。将定模镶块 16、型芯 15 装入定模 17，测量镶块和型芯凸出型面的实际尺寸；按主型芯高度和定模深度的实际尺寸，分别进行修磨，然后装入定模，检查其与定模和卸料板是否同时接触；将型芯 12 装入定模镶块 11，用销钉定位；以定模镶块的外形和斜面为基准，预磨型芯的斜面后装入定模；然后将定模与推件板合拢，测量出分型面的间隙尺寸；将定模镶块 11 退出，按测得的尺寸精磨型芯 12 斜面到要求尺寸；将定模镶块 11 装入定模，一起磨平装配面。

步骤五：将浇口套压入定模座板。清除定模座板孔、浇口套 13 孔中的毛刺；检查台肩面到两平面的尺寸是否符合装配要求（浇口套两端面均应凸出定模座板的两平面）；用压力机将浇口套压入定模板；将浇口套下端面与定模座板的下表面一起磨平。

步骤六：装配定模和定模座板。用平行夹头将定模和定模座板夹紧（保证浇口套上的浇道孔和镶块上的浇道孔同轴），通过定模座板孔复钻定模上的螺钉孔和销钉孔；将定模和定模座板分开，在定模上钻攻螺钉孔；打入销钉，紧固螺钉。

步骤七：修正推杆和复位杆的长度。将动模全部装配后，使模脚底面和推板 24 紧贴于平板，从型芯表面和支承板表面测量出推杆 20、21 和复位杆 22 的凸出尺寸；然后将推杆和复位杆拆下，根据测得的凸出尺寸修磨顶端面，要求推杆凸出型芯平面 0.2mm，复位杆和支承板面平齐。

6. 热固性压缩模模具总装配

压缩模是将塑料装在受热的型腔或加料室内，然后加压的模具，也可称为压塑模。在压制时，直接对型腔内的塑料施加压力。这类模具的加料室一般与型腔是一体的，主要用于热固性塑件的成型，有时也用于热塑性塑件的成型。压缩模的装配要点如下：

1）凹模型腔的修刮。压缩模凹模型腔的加工，往往采用全部加工完的经淬硬的压印样压印锉修成型。应边压印边锉修，将型腔凹模配合面及各成形表面加工到规定尺寸，并保证尺寸精度及表面质量要求。精修后的凹模经热处理淬硬后，进行抛光研磨或镀铬，以使型腔凹模表面光洁。

2）凹模热处理淬硬之前，应按划线钻、铰导钉孔。

3）修整固定板的型孔。固定板型孔、上模固定板用上型芯压印锉修；下模固定板型孔用下凹模或压印冲头压印锉修成型或按图样加工到规定尺寸。并且要修整好成型孔斜度及压入凸模的导向圆角。

4）将型芯压入固定板。将上型芯压入上固定板，下型芯压入下固定板，并保证型芯与固定板平面间的垂直度。

5）修磨加工。按型芯与固定板装配后的实际高度，修磨凹模上、下平面，使上、下型芯及上型芯与加料室间保持一定的相对位置。

6）复钻并铰导钉孔。在固定板上，按已钻好的凹模型腔导孔位置，复钻导钉孔、铰孔到规定尺寸。

7）将导钉压入固定板。

8）磨平装配后的固定板组合底平面。

9）镀铬、抛光。拆下预装后的凹模、拼块、型芯（试模合格后），镀铬、抛光。

10）按图样要求，将各部件及凹模型芯重新组装，装好各附件，使之成为完整的模具。

11）按装配图进行检查，用压力机试压，检验样件质量。边试压边修整，直到压制出合格的零件为止。

图 4-29 所示热固性压缩模的装配过程如下。

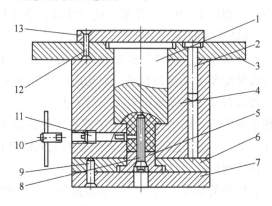

图 4-29　热固性压缩模

1—上型芯　2—导柱　3—上固定板　4—凹模　5—下型芯　6—下固定板
7—下模板　8、11—型芯　9、12—圆柱销　10—工具　13—上模板

步骤一：将型芯压入固定板。型芯在压入固定板前，均应进行淬硬及抛光。将上型芯 1 压入上固定板 3；将型芯 8 压入下型芯 5 后，再将它们压入下固定板 6。

步骤二：修磨凹模 4，使上型芯 1 的底面与凹模 4 的上平面接触，确保两者间无缝隙。

步骤三：在上、下固定板上复钻、铰导柱孔。复钻时，将凹模 4 与上型芯 1 配合，复钻上导柱孔；下型芯 5 与凹模 4 配合，复钻下固定板导销孔。钻孔后精铰与锪孔。

步骤四：在上、下固定板内压入导柱、导钉。

步骤五：将固定板底面磨平，要求表面粗糙度值达到 $Ra0.80\mu m$。

步骤六：对凹模和型芯进行抛光，要求表面粗糙度值达到 $Ra0.20 \sim 0.10\mu m$。

步骤七：将上型芯 1 装入固定板 3 后，盖上上模板 13，复钻并铰孔后铆合圆柱销 12；再用同样的方法铆合下模板 7。

步骤八：将装配后的模具在压力机上试压，并根据试压情况及制品质量情况，边试边修整，直到合适为止。

7. 塑料模具装配常见缺陷、产生原因和调整方法（见表4-4）

表4-4　塑料模具装配常见缺陷、产生原因和调整方法

序号	塑料模具装配缺陷	产 生 原 因	调 整 方 法
1	模具开闭、顶出复位动作不顺	1）模架导柱、导套滑动不顺，配合过紧 2）斜顶、顶针滑动不顺 3）复位弹簧弹力或预压量不足	1）修配或者更换导柱、导套 2）检查并修配斜顶、顶针配合 3）增加或更换弹簧
2	模具与注射机不匹配	1）定位环位置不对，尺寸过大或过小 2）模具宽度尺寸过大，模具高度尺寸过小 3）模具顶出孔位置、尺寸错误，强行拉复位孔位置、尺寸错误	1）更换定位环，调整定位环位置尺寸 2）换吨位大一级的注射机，增加模具厚度 3）调整顶出孔的位置、尺寸，调整复位孔的位置、尺寸
3	制件难填充、难取件	1）浇注系统有阻滞，流道截面尺寸太小，浇口布置不合理，浇口尺寸小 2）模具的限位行程不够，模具的抽芯行程不够，模具的顶出行程不够	1）检查浇注系统各段流道和浇口，修整有关零件 2）检查各限位、抽芯、顶出行程是否符合设计要求，调整不符合要求的行程
4	模具运水不通或漏水	1）模具运水通道堵塞，进、出水管接头连接方式错误 2）封水胶圈和水管接头密封性不好	1）检查冷却系统进、出水管接头连接方式及各段水道，修整有关零件 2）检查封水胶圈和水管接头，修整或更换有关零件
5	制件质量不好 1）有飞边 2）有缺料 3）有顶白 4）有拖花 5）变形大 6）级位大 7）熔接线明显	1）配合间隙过大 2）走胶不畅，困气 3）顶针过小，顶出不均匀 4）斜度过小，有毛刺，硬度不足 5）注射压力不均匀，产品强度不足 6）加工误差 7）离浇口远，模温低	1）合理调整间隙及修磨工作部分分型面 2）局部加胶，加排气 3）加大顶针，使其均匀分布 4）修毛刺，加斜度，氮化处理 5）修整浇口，使压力均匀，加强产品强度 6）重新加工 7）改善浇口，加高模温

4.4　塑料模具装配技能训练

训练项目一　标准模架检测

图4-30所示为标准注射模模架，通过本项目的训练，使学生掌握塑料注射模模架结构，以及注射模模架的技术要求及检测方法。

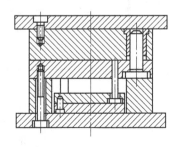

图4-30　标准注射模模架

1. 模架检测应遵循的原则

1）使用千分尺、指示表、直角尺及精密平板等常规测量器具测量模架零件的尺寸精度。几何公差要求按照 GB/T 1182—2008《几何公差 未注公差值》确定。

2）模架表面粗糙度按照 GB/T 1031—2009《产品几何技术规范（GPS）表面结构 轮廓法 表面粗糙度参数及其数值》确定。

3）对模架零件进行热处理硬度检验，板类零件的调质硬度用布氏硬度值三点测定平均值，圆柱类零件用洛氏硬度值分三点进行测量。

2. 标准注射模模架的检验方法（见表 4-5）

表 4-5　标准注射模模架的检验方法

序号	检测内容	检测方法	检测工具	说　明	允　许　值
1	平行度	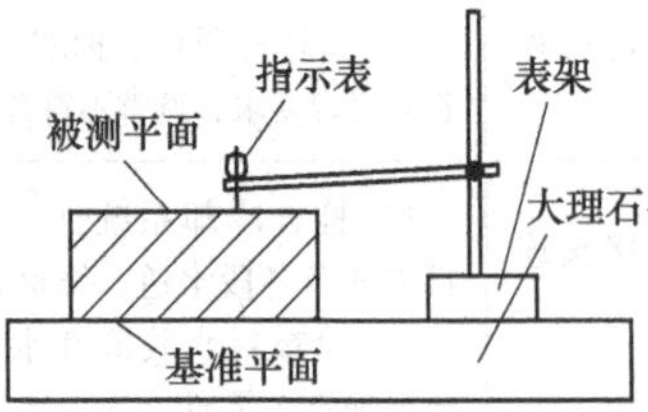	大理石平板、指示表、测量架	以平板为基准，取最大读数与最小读数的差值作为平行度误差	定、动模板为 IT5 级，推板为 IT6 级
2	直线度	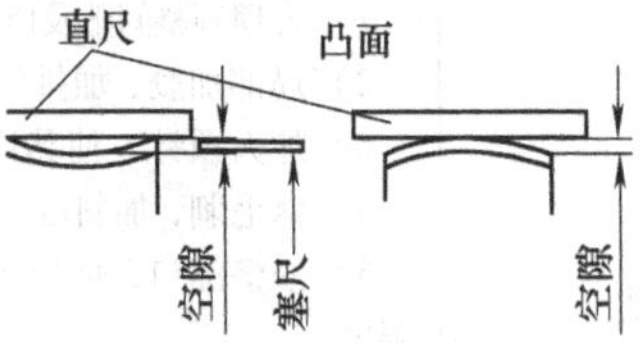	直尺、塞尺	透光法，直尺靠近塞尺测量	IT6 级
3	垂直度	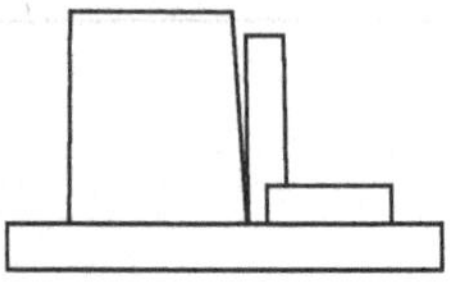	直尺、塞尺	用直角尺侧面检测，塞尺测量间隙	IT8 级
4	同轴度	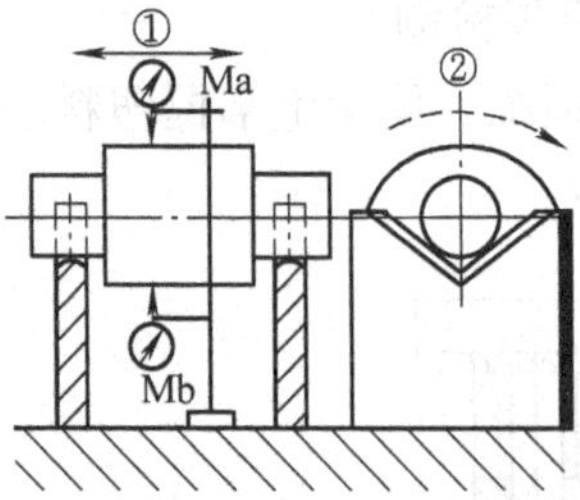	平板、V 形架、带指示表的测量架	将在铅垂轴方向的两指示器的指针调至零位，转动工件测量其绝对值	IT6 级
5	基准面垂直度		直角尺、塞尺	用直角尺内侧面检测，塞尺检测间隙	IT6 级

序号	检测内容	检测方法	检测工具	说明	允许值
6	导柱对模板的垂直度		指示表及测量架	用指示表对导柱进行测量；取指示表最大、最小读数值之差作为垂直度误差	IT6 级
7	导套对模板的垂直度		百分表及测量架	用百分表检查导套压入部分内、外圆的同轴度误差	IT6 级
8	模架组合后的平行度		平板、指示表及测量架、塞尺	测量组合的定、动模固定板的平行度误差，以平面为基准，取最大读数与最小读数的差值作为平行度误差	见下表
9	表面粗糙度		表面粗糙度样板		表面粗糙度值在 $Ra0.3\mu m$ 以下的，直接比较；表面粗糙度值为 $Ra1.6 \sim 3.2\mu m$ 时，用放大镜目测比较
10	硬度		布氏硬度计、洛氏硬度计		导柱、导套硬度为 $50 \sim 55HRC$；模板硬度为 $240 \sim 270HBW$

序号 8 允许值表：

	尺寸范围	公差
平行度误差/mm	630 ~ 1000	≤0.1
	1000 ~ 1600	≤0.16
间隙/mm	630 ~ 1000	≤0.05
	1000 ~ 1600	≤0.06

第 4 章　塑料模具装配

（续）

序号	检测内容	检测方法	检测工具	说　明	允　许　值
11	动、定模板探伤	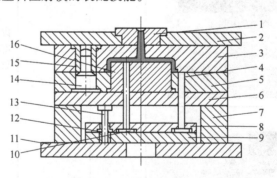	超声波探伤仪	对定、动模探伤	

3. 模架检测记录与成绩评定表（见表4-6）

表4-6　模架检测记录与成绩评定表

序　号	项目与技术要求	配　分	评定方法	实测记录	得　分
1	准备工作充分	8	检查评定		
2	检测方法正确、规范	32	按操作要求评定，错（漏）一项减3分		
3	数据记录符合要求	12	不符合要求的，每项减4分		
4	记录分析正确，能依据数据判断模架等级	35	错（漏）一项减2分		
5	时间安排合理	8	不合理的，每项减1分		
6	安全文明生产	5	违反安全规程的，每项减2分		

训练项目二　热塑性塑料注射模的装配

本项目是装配图4-31所示的热塑性塑料注射模。要求学生了解热塑性塑料注射模装配的全过程，掌握热塑性塑料注射模的装配技能。

图 4-31　热塑性塑料注射模装配示意图

1—浇口套　2—定模座板　3—定模板（型腔）　4—复位杆　5—动模板　6—支承板　7—垫块　8—推杆固定板

9—推板　10—推杆　11—动模座板　12—推板导套　13—推板导柱　14—导柱　15—导套　16—型芯

项目分析

如图4-31所示，该模具属于单分型面注射模。模具从动、定模分型面打开，塑料制件包裹在型芯上随动模部分一起移动而脱离型腔，浇注系统也随制件一起移动脱离定模座板。移动一段距离后，推出机构工作，推杆推动制件，最后采用人工方式将塑料制件从动、定模分型面之间取出。本模具中型腔、型芯均采用整体式结构，以导柱、导套为注射模装配时的基准。

项目实施

1. 装配前的准备

装配人员应仔细阅读制品图及模具装配图，了解模具的结构特点、动作原理及技术要求，选择合理的装配方法、装配基准及装配顺序，并按照图样要求检查各零件的质量，同时准备好必要的标准件，如螺钉、销钉及装配用的辅助工具等。

2. 训练步骤

步骤一：装配导柱 将导柱 14（4 个）压入动模板 5 中，压入过程中需不断校验垂直度，压入后将其反面与动模座板一起磨平。

步骤二：装配型芯

1）将型芯 16 压入动模板 5，使之配合紧密，并在平面磨床上磨平台阶面。

2）装配后，测量型芯外露部分的高度是否符合图样要求并进行调整。

步骤三：装配导套 将导套 15（4 个）压入定模板 3 中，压入过程中需不断校验垂直度，压入后将其反面与定模座板一起磨平。

步骤四：装配定模座板组件 将浇口套 1 压入定模座板 2 中，压入过程中需不断校验垂直度，并用 3 个 M6×12 的螺钉紧固，然后将其反面与定模座板一起磨平。

步骤五：装配推出机构组件

1）将复位杆 4、推杆 10 插入推杆固定板 8 中，用垫铁支承在平面磨床上，将台阶面磨平。

2）将推板导套 12 压入推杆固定板 8 及推板 9 中，压入过程中需不断校验垂直度，并用 4 个 M8×16 的螺钉轻轻固定。

3）将推板导柱 13 压入支承板 6 中，压入过程中需不断校验垂直度。

步骤六：组装定模部分 用平行夹头将定模座板组件和定模座板 2 夹紧，保证浇口套 1 上的主流道与定模座板 2 上的主流道重合，并用 4 个 M12×25 的螺钉紧固。最后用 2～4 个销钉将定模座板与定模板定位。

步骤七：组装动模部分

1）用平行夹头将动模板 5 与支承板 6 夹紧，保证支承板上的过孔与动模板上的孔重合，不错位。

2）在推杆固定板 8 和支承板 6 之间垫入量块，利用推板导柱 13、推板导套 12 的导向，装入推出机构组件。将上道工序中轻轻固定的 4 个 M8×16 螺钉拧紧，再装入动模板。

3）用平行夹头将动模板 5、支承板 6、垫块 7 及动模座板 11 夹紧，注意保证各孔的相对位置。

4）检查复位杆 4 上顶面与分型面的关系，测量推杆 10 顶面与分型面间的尺寸是否符合要求。必要时可修复复位杆与推杆，也可以对垫块厚度或推板厚度进行适当修正。

5）检查合格后，用 4 个 M12×25 的螺钉将动模板 5、支承板 6、垫块 7 及动模座板 11

紧固。注意保证推出机构运动灵活，无卡滞现象。

步骤八：调整分型面　合模，观察分型面之间的密合状况，必要时可修磨动模板上表面，以保证分型面、型芯、浇口套及型腔面同时密合。

步骤九：分型、脱模的协调与调整　观察模具在分型与脱模过程中是否平稳、灵活，是否有卡滞现象。如果存在上述现象，则必须查明原因，合理调整，有时甚至需要重新装配模具。必须保证模具的各项指标达到设计要求。

3. 塑料注射模装配考核评定表（见表4-7）

表4-7　塑料注射模装配考核评定

序　号	项目实施	考核要求	配　分	评分标准	得　分
1	装配前的准备	识读模具结构图，选择合理的装配方法和装配顺序，复检主要工作零件和其他零件的尺寸，准备好必要的标准件	15	具备模具结构知识及识图能力	
2	装配型芯	校验型芯外露部分高度是否符合图样要求，型芯与动模板的配合是否紧密，将台阶面磨平	10	装配步骤正确，操作熟练	
3	装配导柱、导套	校验导柱与动模板、导套与定模板的垂直度误差	10	在压入过程中应随时使用直角尺检查垂直度误差	
4	装配浇口套	压入过程中需不断校验垂直度，将反面与定模座板一起磨平	10	操作熟练，装配步骤正确	
5	装配推出机构组件	将复位杆、推杆插入推杆固定板中，将台阶面磨平；将推板导套压入推板固定板及推板中，压入过程中需不断校验垂直度；将推板导柱压入支承板中，压入过程中需不断校验垂直度	10	测量垂直度误差方法准确，操作熟练	
6	组装定模部分	保证浇口套上的主流道与定模板上的主流道重合；定模板和定模座板定位	10	操作熟练，装配步骤正确	
7	组装动模部分	检查推杆顶面与分型面间的尺寸是否符合要求；测量推杆10顶面与分型面间的尺寸是否符合要求	10	操作熟练，装配步骤正确	
8	调整分型面	合模，观察分型面之间的密合状况	15	操作熟练，装配步骤正确	
9	分型、脱模的协调与调整	观察模具在分型与脱模过程中是否平稳、灵活，是否有卡滞现象	10	操作熟练，装配步骤正确	

思考与练习

1. 简述塑料模具的装配工艺过程。
2. 简述塑料模具的装配基准。
3. 小型芯的装配方法有哪些?
4. 试述塑料模具推出机构的装配技术。
5. 简述滑块型芯的装配方法。

第5章　塑料模具的安装调试与维修

📝 **学习目标**

1. 掌握各类塑料模具的安装与调试工艺。
2. 熟悉注射机的选用方法及安全操作规程。
3. 熟悉塑料模具安装和使用中的注意事项。
4. 掌握塑料模具维护、保养及修理的方法和工艺过程。
5. 能对塑料模具的常见故障进行分析、处理。

塑料模具在装配完毕后，为了保证模具质量，必须把模具安装到塑料成型设备上进行调整与调试，这项工作直接关系着产品质量。通过模具的安装与调试，可以从中发现问题，分析问题产生的原因并设法加以解决，以保证生产出合格的塑料产品。

5.1　塑料成型设备

塑料成型设备因成型工艺不同而不同，主要包括用于注射成型工艺的注射机、用于挤出成型工艺的挤出机、用于压缩成型及压注成型工艺的液压机等。其中，以用于注射成型工艺的注射机应用最为广泛，本章便以图5-1所示的卧式注射机为例详细介绍塑料成型设备。

塑料注射成型机简称注射机，它是我国产量最大和应用最多的塑料成型设备。它是利用塑料成型模具将热塑性塑料或热固性料制成各种形状的塑料制品的主要成型设备。注射成型是通过注射机和模具来实现的。

图5-1　卧式注射机设备图片

1. 注射成型工作原理

注射成型是一个循环的过程，其环节主要包括定量加料→熔融塑化→施压注射→充模冷却→启模取件。取出塑件后又再闭模，进行下一个循环。

注射机的工作原理与打针用的注射器相似，它是借助螺杆（或柱塞）的推力，将已塑化好的熔融状态（即粘流态）的塑料注射入闭合好的模腔内，经固化定型后取得制品的工艺过程。

注射成型的基本过程是塑化、注射和成型。塑化是实现和保证成型制品质量的前提，而为满足成型的要求，注射必须保证具有足够的压力和速度。同时，由于注射压力很高，相应地在模腔中就会产生很高的压力，因此必须有足够大的合模力。由此可见，注射装置和合模装置是注射机的关键部件。

2. 注射机的组成

各种注射机虽然外形有所不同，但其基本组成是相同的，都是由注射系统、合模系统、液压系统、电气控制系统、加热及冷却系统等组成的。

（1）注射系统　注射系统是注射机最主要的组成部分之一，其作用是在注射机的一个工作循环中，在规定的时间内将一定数量的塑料加热塑化后，在一定的压力和速度下，通过螺杆将熔融塑料注入模具型腔中。注射结束后，对注射到模腔中的熔料保持定型。

注射系统主要由加料装置、料筒、螺杆、喷嘴及动力传递装置等部分组成。

（2）合模系统　合模系统的作用是保证模具闭合、开启及顶出制品。同时，在模具闭合后，给予模具足够的锁模力，以抵抗熔融塑料进入模腔所产生的模腔压力，防止因模具开缝而造成制品的不良形状。合模系统主要由合模装置、调模机构、顶出机构、前后固定模板、移动模板、合模液压缸和安全保护机构组成。

（3）液压系统　液压系统的作用是为注射机按工艺过程所要求的各种动作提供动力，并满足注射机各部分所需压力、速度、温度等的要求。它主要由各自种液压元件和液压辅助元件所组成。

（4）电气控制系统　电气控制系统与液压系统合理配合，可实现注射机的工艺过程要求（压力、温度、速度、时间）和各种程序动作。它主要由电器，电子元件，仪表，加热器，传感器等组成。

（5）加热及冷却系统　加热系统是用来加热料筒及注射喷嘴的，注射机料筒一般采用电热圈作为加热装置，安装在料筒的外部，并用热电偶分段检测。冷却系统主要用来冷却油温，另一处需要冷却的位置在料管下料口附近，用于防止原料在下料口熔化，导致原料不能正常下料。

3. 注射机的型号与规格

目前，注射机型号规格的表示方法各国不尽相同，国内也不统一。注射机型号表示注射机的加工能力，而反映注射机加工能力的主要参数是公称注射量和锁模力。因此，常用公称注射量容积数量和锁模力大小来表示注射机型号规格。

（1）注射量表示法　公称注射量是指注射机在注射螺杆（或柱塞）作一次最大注射行

程时，注射装置所能达到的对空注射量。锁模力是由合模机构所能产生的最大模具闭紧力决定的，它反映了注射机成型制品面积的大小。

下面以国产注射机 XS—ZY125/90 为例解释其规格：

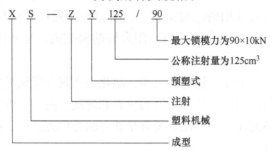

（2）国际通行的注射机型号表示法　此表示法为注射量与锁模力合在一起，注射量为分子、锁模力为分母。

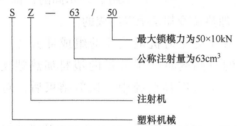

常用塑料注射机的规格是指决定注射机加工能力和适用范围的一些主要技术参数，在选择注射机时，应根据实际情况对主要技术参数进行校核。

常用国产注射机的规格与性能见表 5-1。

4. 注射机的分类

（1）根据外形结构分类　注射机根据外形结构可分为卧式注射机、立式注射机、角式注射机等。

1）卧式注射机（图 5-2）。这是最常见的类型，其合模部分和注射部分处于同一水平中心线上，且模具是沿水平方向打开的。其优点是机身矮，易于操作和维修；机器重心低，安装较平稳；制品顶出后可利用重力作用自动落下，易于实现全自动操作。其缺点是机床占地面积大，模具安装麻烦。目前，市场上的注射机多采用此种形式。

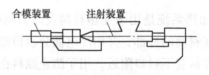

图 5-2　卧式注射机

2）立式注射机（图 5-3）。其合模部分和注射部分处于同一垂直中心线上，且模具是沿垂直方向打开的。因此，其占地面积较小，容易安放嵌件，装卸模具较方便，自料斗落入的物料能较均匀地进行塑化。但制品顶出后不易自动落下，必须用手取下，不易实现自动操作。立式注射机宜用于小型注射机，大、中型机不宜采用。

表5-1 常用国产注射机的规格与性能

型号 项目	SZ-25/20	SZ-60/40	SZ-100/60	SZ-100/80	SZ-160/100	SZ-200/120	SZ-250/120	SZ-300/160	SZ-500/200	SZ-630/220	SZ-1000/300	SZ-2500/500	SZ-4000/800
螺杆直径/mm	25	30	35	35	40	42	45	45	55	60	70	90	110
理论注射量/cm³	25	60	100	100	160	200	250	300	500	630	1000	2500	4000
注射压力/MPa	200	180	150	170	150	150	150	150	150	147	150	150	150
注射速率/(g/s)	35	70	85	95	105	120	135	145	173	245	325	570	770
塑化能力/(kg/h)	13	35	40	40	45	70	75	82	110	130	180	245	325
锁模力/kN	200	400	600	800	1000	1200	1200	1600	2000	2200	3000	5000	8000
拉杆间距($H \times V$)/(mm×mm)	242×187	220×300	320×320	320×320	345×345	355×385	400×400	450×450	570×570	540×440	760×700	900×830	1120×1200
模板行程/mm	210	250	300	305	325	305	320	380	500	500	650	850	1200
模具最小厚度/mm	110	150	170	170	200	230	220	250	280	200	340	400	600
模具最大厚度/mm	220	250	300	300	300	400	380	450	500	500	650	750	1100
定位孔直径/mm	55	80	125	100	100	125	110	160	160	160	250	250	250
定位孔深度/mm	10	10	10	10	10	15	15	20	25	30	40	50	50
喷嘴伸出量/mm	20	20	20	20	20	20	20	20	30	30	30	50	50
喷嘴球半径/mm	10	10	10	10	15	15	15	20	20	20	20	35	35
顶出行程/mm	55	70	80	80	100	90	90	90	90	128	140	165	200
顶出力/kN	6.7	12	15	15	15	22	28	33	53	60	70	110	280
外形尺寸($L \times W \times H$)/(m×m×m)	2.1×1.2×1.4	4.0×1.4×1.6	3.9×1.3×1.8	4.2×1.5×1.7	4.4×1.5×1.8	4.0×1.4×1.9	5.1×1.3×1.8	4.6×1.7×2.0	5.6×1.9×2.0	6.0×1.5×2.2	6.7×1.9×2.3	10.0×2.7×2.3	12×2.8×3.8

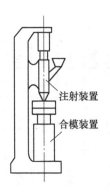

图 5-3　立式注射机

3）角式注射机（图 5-4）。合模装置与注射装置的运动轴线互成垂直排列。其优、缺点介于立式和卧式注射机之间，使用也较普遍，大、中、小型注射机均有。

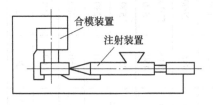

图 5-4　角式注射机

（2）按注射装置的结构形式分类　注射机按注射装置的结构形式分为柱塞式注射机和螺杆式注射机。

1）柱塞式注射机（图 5-5）。柱塞式注射机使用的是柱塞式注射装置。

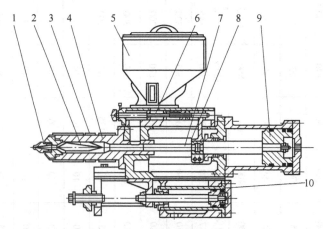

图 5-5　柱塞式注射机

1—喷嘴　2—分流梭　3—加热器　4—料筒　5—料斗　6—计量室
7—注射柱塞　8—传动臂　9—注射活塞　10—注射座移动液压缸

最早的橡胶注射成型使用的是柱塞式注射成型机，其注射成型方法是：将塑料从喂料口喂入料筒后，由料筒外部的加热器对塑料进行加热、塑化，使塑料达到易于注射而又不会焦烧的温度。最后由柱塞将已塑化的塑料压注入模具中。实际上，这种注射方法中料筒主要起注射作用，辅以加热塑化作用。因此，应用这种注射成型法时，虽然注射机本身结构简单、成本低，但是设备成本高且工人劳动强度大，最重要的是这种注射成型方法生产率低，塑化不均匀，从而影响了制品的质量。

2）螺杆式注射机（图5-6）。螺杆式注射机使用的是螺杆式注射装置。

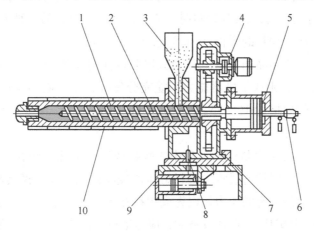

图5-6 螺杆式注射机

1—料筒 2—螺杆 3—料斗 4—螺杆传动机构 5—注射液压缸 6—计量装置
7—注射座 8—转轴 9—注射座移动液压缸 10—加热器

为了提高生产率和制品质量，人们又发明了另一种注射成型设备，即在挤出机的基础上加以改进，将螺杆的纯转动改成既能转动以进行塑料的塑化，又可以进行轴向移动以将塑料注入到模腔中。这就是往复式螺杆注射成型机。

注射成型方法是：塑料从喂料口进入注射机后，在螺杆的旋转作用下受到强烈的剪切，其温度很快升高。当塑料沿螺杆移动到螺杆的前端时，已得到充分而均匀的塑化。螺杆一边旋转一边向后移动，当螺杆前端积聚的塑料达到所需要的注射量时，轴向动力机构以强大的推力推动螺杆向前移动，从而将塑料注入模腔。采用这种往复式注射成型方法时，塑料的塑化是通过机械剪切获得的，因而塑料升温快、塑化均匀，这样一来生产率和制品质量都得到了提高。另外，由于这种注射成型方法可以直接将塑料喂入注射机中，从而省去了热炼工序，减少了设备投资和设备占地面积，同时降低了劳动强度。然而在生产大型制品时，由于螺杆后移量过大，塑料的塑化受到限制，另外这种机器的螺杆与机筒内壁之间的间隙较大，注射时易导致逆流和漏流现象，致使部分塑料反复停留，易产生焦烧，从而注射压力也受到了限制。所以往复式螺杆注射机只能用于低黏度胶料、小体积制品的生产。

5. 注射机的主要技术参数

描述注射机性能的基本参数有公称注射量、注射压力、注射速度、锁模力及模具最大、最小高度等。

（1）公称（理论）注射量 注射机的公称（最大）注射量指在对空注射条件下，注射螺杆或柱塞做一次最大行程时，注射装置所能达到的最大注射量，单位为 cm^3 或 g。注射量标志着注射机的注射能力,反映了机器能生产塑件的最大体积或质量。

注意:公称注射量为螺杆或柱塞最大注射行程时对应的注射量,条件为对空注射。而实际注射时,流动阻力增加,加大了螺杆逆流量,再考虑安全系数,实际能达到的注射量将有所降低,一般为公称注射量的70%~90%。

注射量有两种表示法:一种是以加工PS原料为标准(密度为1.05g/cm³),用注射出熔融物料的质量(g)表示,加工其他物料时,应进行密度换算;另一种方法是采用注射容量表示,即用一次注出熔融物料的容积(cm³)表示。

生产实践表明,应使制品用料量之和为机器公称注射量的25%~75%为好,最低不低于10%。若超出此范围,则或是机器能力不能充分发挥,或是制品质量降低。我国注射机标准系列规定注射量的规格为16、25、30、40、60、100、125、160、250,…,64000(单位为cm³)等。

(2)注射压力 注射压力是注射过程中,螺杆或柱塞头部对塑料熔体所施加的最大压力。注射压力的作用是克服注射过程中塑料熔体流经注射机喷嘴、模具流道和型腔的阻力,同时给予注入型腔的熔体一定的压力,以完成物料补充,使塑件密实。目前,国产注射机的注射压力一般为105~150MPa。选择设备时,应考虑所需的注射压力是否在机器的理论压力范围以内。

(3)锁模力 锁模力是合模机构施于模具上的最大夹紧力,单位为kN。锁模力的作用是与注射时模腔熔体的压力相平衡,保证在注射及保压操作时模具不被撑开。选择设备时,必须核算设备锁模力是否足够。锁模力的选取相当重要,锁模力不够会使制品产生飞边,不能成型薄壁制品;锁模力过大,又易损坏模具。

(4)注射速度(注射时间) 注射速度是指每分钟射出熔料的射程,或射出每次注射量需要的最短时间,或每秒钟注入型腔的最大燃料体积。注射机分高速、低速两种。注射速度的选定很重要,它直接影响着制件的质量和生产率。注射速度和注射时间的参考数值见表5-2。

表5-2 注射速度和注射时间的参考数值

注射量/cm³	125	250	500	1000	2000	4000	6000	10000
注射速度/(cm³/s)	125	200	333	570	890	1330	1660	2000
注射时间/s	1	1.25	1.5	1.75	2.25	3.01	3.75	5

(5)模具最大高度 H_{max}、最小高度 H_{min} 及调模行程 模具最大(小)高度是指合模机构闭合后,达到规定的锁模力时,动、定模固定板之间的最大(小)距离,两者的差值称为调模行程。设计模具时,必须使模具实际高度 H 满足 $H_{min} < H < H_{max}$。因此,在某种程度上可以说,模具最大(小)高度规定了制件在高度方向上的尺寸范围。

(6)开模行程 注射机的开模行程是有限的,塑件从模具中取出时所需的开模行程必须小于注射机的最大开模距离,否则塑件将无法从模具中取出。一般最大开模行程为塑件最大高度的3~4倍,移动模板的行程要大于塑件高度的2倍。

6. 挤出机

塑料挤出机属于塑料机械的一种，如图5-7所示。挤出机依据机头料流方向以及螺杆中心线的夹角，可以将机头分成直角机头和斜角机头等。依据加压方式种类的不同，挤出工艺可以分成连续挤出和间歇挤出两种。前者所用的设备为螺杆式挤出机，后者所用的设备为柱塞式挤出机。螺杆式挤出机又可以根据螺杆个数大致分为单螺杆挤出机和多螺杆挤出机。

螺杆式挤出机的工作机理是依靠螺杆旋转所产生的压力及剪切力，使得物料可以充分进行塑化并均匀混合，通过口模成型。所以，有时使用一台挤出机就能够同时完成混合、塑化及成型等一系列工艺，从而进行连续生产。柱塞式挤出机的工作机理主要是借助柱塞压力，先将事先塑化完毕的物料从口模挤出而达到成型的效果。物料筒内的物料挤出之后，柱塞会退回，等到添加新一轮塑化物料后再接着进行下一轮的操作，这种生产工艺属于不连续生产，并且基本不能对物料进行充分搅拌及混合。此外，由于本生产还需进行预先塑化，因此在实际生产中通常不选用此法，仅适用于流动性极差或黏度非常大的塑料，如硝酸纤维素塑料。

图5-7　真空挤出机

7. 液压机

液压机的基本工作原理是帕斯卡原理。它利用液体的压力能，依靠静压作用使工件变形，或使物料被压制成型。液压机按动作方式可分为上压式液压机、下压式液压机、双动液压机和 特种液压机。其中，适用于塑料成型制品的是上压式液压机，如图5-8所示。

图5-8　上压式液压机

上压式液压机由机身（包括上、下横梁，立柱等）、工作液压缸、活动横梁、顶出机构、液压传动系统和电气控制系统等组成。工作液压缸安装在上横梁上，活动横梁与工作液压缸的活塞连接成整体，以立柱为导向上下运动（框式液压机以导轨为导向），并传递工作液压缸内产生的力量，向塑料施压。

5.2 塑料模具的安装

塑料模具装配后还要进行安装调整、维护保养等方面的后续工作，才能保证产品的质量。塑料模具的种类很多，结构也很复杂，其结构与塑料的品种、塑件的结构和注射机的种类等很多因素有关。例如，注射模由成型零部件、浇注系统、导向部件、推出机构、温度调节系统、排气系统和支承零部件等组成，如果塑件有侧向的孔或凸台，则注射模还包括侧向分型与抽芯机构。所以塑料模具的安装工作是很复杂、细致的工作。本节主要以注射模为例，介绍模具的安装步骤及初步调整工作。

1. 预检模具

在模具安装之前，应依据图样对模具进行比较全面的检查，以便及时发现问题并进行修模，以免装上后再拆下来。当分开检查模具定模板和动模板时，要注意做方向记号，以免合拢时搞错。对于模具的运动部分，必须检查其是否清洁或有异物落入，以免损伤模具。

2. 模具的吊装

模具的吊装可根据现场的实际吊装条件，确定是采用整体吊装还是分体吊装。对于小型模具，一般采用整体吊装；对于大中型模具，可采用分体吊装。

3. 模具在注射机上的固定方法

注射模具动模和定模固定板要分别安装在注射机动模板和定模板上。模具在注射机上的固定方法有两种：一种是用螺钉直接固定，此时模具固定板与注射机模板上的螺孔应完全吻合，对于质量较大的大型模具，采用螺钉直接固定较为安全；另一种是用螺钉、压板固定，只要在模具固定板需安放压板的位置外侧附近有螺孔就能固定，因此，压板固定具有较大的灵活性。

4. 装模

模具尽可能整体安装，吊装时要注意安全，操作者要协调一致、密切配合。当模具定位圈装入注射机上定模板的定位圈座后，应以极慢的速度合模，由动模板将模具轻轻压紧，然后装上压板。通过调节螺钉，将压板调整到与模具的安装基准面基本平行后压紧，如图 5-9所示。压板位置绝不允许倾斜（如图中双点画线所示那样）；压板的数量应根据模具的大小进行选择，一般为 4~8 块。

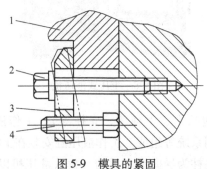

图 5-9　模具的紧固

1—座板　2—压紧螺钉　3—压板　4—调节螺钉

在模具被紧固后可慢慢启模，直到动模部分停止后退，这时应调节机床的顶杆，使模具上的推杆固定板和动模支承板之间的距离不小于5mm，以防止顶坏模具。

最后，接通冷却水管或加热线路。对于采用液压或电动机分型的模具，也应分别进行接通和检验。

5. 闭模松紧度的调节

闭模的松紧度既要防止制品的溢边，又要能保证型腔的适当排气。对于目前常规的锁模机构，闭模松紧度主要凭目测和经验确定。在满足成型制品要求的情况下，不要过分预紧模具，对于需要加热的模具，应在模具达到规定温度后再校正闭模松紧度。

6. 顶出距离和顶出次数的调节

模具紧固后，慢速启模，将顶杆的位置调节到模具上的顶出板和动模底板之间尚有不小于5cm的间隙，做到既能顶出制件，又能防止损坏模具。顶出次数可以是一次顶出，也可以是多次顶出。

7. 注射模的安装

图5-10所示为小型注射模在卧式注射机上安装，其安装步骤如下。

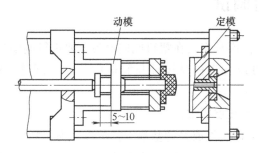

图 5-10　小型注射模的安装

步骤一：清理模板平面及模具安装面上的油污及杂物。

步骤二：安装模具。对于小型模具，首先在机床下面的两根导柱上垫好木板，将模具从侧面送入机架内，将定模装入定位孔并摆正位置，慢速闭合模板将模具压紧。然后用压板及螺钉压紧定模，并初步固定动模，再慢速开启模具，找准动模位置。在保证开、闭模具时动作平稳、灵活、无卡紧现象后，再用压板螺钉将动模紧固。

动模与定模压紧应平稳可靠，压紧面要大，压板不得倾斜，要对角压紧，压板应尽量靠近模脚。注意：在合模时，动、定模压板不能相撞。

步骤三：调节锁模机构，以保证机器有足够的开模力和锁模力。

步骤四：调节顶出装置，保证顶出距离。调整后，顶板不得直接与模体相碰，应留有5～10mm的间隙。开、合模具时，顶出机构应动作平稳、灵活，复位机构应协调可靠。

步骤五：校正喷嘴与浇口套的位置及弧面接触情况。校正时，可将白纸放在喷嘴及浇口套之间，观察两者的接触情况。校正后，拧紧注射定位螺钉进行紧固。

步骤六：接通冷却水路及电加热器。冷却水路要通畅、无泄露；电加热器应接通，并应有调温、控温装置，且动作灵敏可靠。

步骤七：先开车空运转，观察各部位是否正常，然后进行试模，一定要将工作场地清理干净，并注意安全。

8. 大中型模具的安装

对于大中型模具，可采用整体吊装和分体吊装法安装。

（1）整体吊装　整体吊装与小型模具的安装方法相同。需要注意的是，有侧型芯滑块时要处于水平方向滑动，带有侧型芯的模具不能倒装。

（2）分体吊装　首先把定模从机器上方吊入机器间，调整好位置后，把定模装入定位孔，并找正其位置后用压板通过螺钉压紧。然后将动模吊入机器装模间，找正动、定模导向、定位机构的位置后，与定模配合。点动合模，并初步压紧动模（螺钉不要拧紧）。慢速开合模数次，确认定模和动模的相对位置已找正后将螺钉拧紧，将其紧固。

吊装大中型模具时应注意安全，两人同时操作时必须互相呼应，统一行动。模具紧固应平稳可靠，压板应放平，不得倾斜，否则将压不紧模具，安装模具时，模具就会落下；要防止合模时动模、定模压板及推板等与动模板相碰。

5.3　塑料模具的调试

塑料模具在装配后，把模具安装在塑料成型设备上要进行调整与试模。调试是一项重要而细致的工作，调试中可以发现模具设计与制造中的许多问题，也可以对成型工艺进行调整。

塑料模具的调试有以下几点要求：

1）检查模具质量并取得制件成型的基本工艺参数，为正常生产打好基础。

2）在调试过程中，会产生各种缺陷，应对缺陷产生的原因加以分析并设法解决，以保证产品质量。

3）对调试过程中的各种异常情况进行分析，如需对模具进行修正，应提出合理的建议，并说明原因。

4）记录并保存试模数据。

1. 塑料模具试模时的注意事项

1）试模前，模具设计人员要向试模操作者详细介绍模具的总体结构特点与动作要求，制品结构与材料性能、冷却水回路及加热方式、制品及浇注系统凝料脱出方式、多分型面模具的开模行程、有无嵌件等相关问题，使操作者心中有数，有准备地进行试模。

2）试模时，应将注射机的工作模式设定为手动操作，使机器的全部动作与功能均由试模操作者手动控制；不宜用自动或半自动工作模式，以免发生故障，损坏机器或模具。

3）模具的安装固定要牢靠，绝不允许固定模具的螺栓、垫块等有任何松动。压板前端与移动模板或其他活动零件之间要有足够的间隙，不能发生干涉。

4）模具上的冷却水管、液压油管及其接头不应有泄漏，更不能漏到模具型腔里面。管路或电加热器的导线一般不应接于模具上方或操作方向，而应设置在模具操作方向的对面或下方，以免管线游荡被分型面夹住。

5）带有嵌件的模具还要注意查看嵌件是否移位或脱落。

6）试模结束停机时，一般需将模具型腔内的塑料排净。

7）对于试模过程中发生的问题或制品缺陷，以及解决的对策和效果等，都应做详细的现场记录，以备修模或再次试模时参考。

2. 塑料模具的试模过程

1）试模前，必须熟悉设备的使用情况；熟悉设备结构及操作方法、使用保养知识；检查设备成型条件是否符合模具应用条件及能力；必须对设备的油路、水路及电路进行检查，并按规定保养设备，做好开车前的准备。

做好工具及辅助工艺配件的准备工作。准备好试模用的工具、量具、夹具；准备好记录本，以记录在试模过程中出现的异常现象及成型条件变化状况。

2）原料必须合格。根据推荐的工艺参数将料筒和喷嘴加热。由于制件大小、形状和壁厚的不同，以及设备上热电偶位置的深度和温度表的误差也各有差异，因此资料上介绍的加工某一塑料的料筒和喷嘴温度只是一个大致范围，还应根据具体条件调试。

3）在开始试模时，原则上选择在低压、低温和较长的时间条件下成型，然后按压力、时间、温度的先后顺序变动。最好不要同时变动 2 个或 3 个工艺条件，以便分析和判断情况。压力变化的影响将立即从制件上反映出来，所以如果制件充不满，则通常首先增大注射压力。当大幅度提高注射压力仍无显著效果时，才考虑变动注射时间和温度。延长时间实质上是使塑料在料筒内的受热时间加长，若注射几次后仍然未充满，才考虑提高料筒温度。

4）注射成型时可选用高速和低速两种工艺。一般在制件壁薄而面积大时，采用高速注射，壁厚而面积小时采用低速注射。在高速和低速都能充满型腔的情况下，除玻璃纤维增强塑料外，均宜采用低速注射。

5）确定加料方式。加料方式一般有固定加料法、前加料法和后加料法。

固定加料法：在整个成型周期中，喷嘴与模具一直保持接触，适用于一般塑料加工。

前加料法：每次注射后，塑化达到要求注射容量时，注射座后退，直至下一个循环开始时再推进，使模具与喷嘴接触进行注射。

后加料法：注射后，注射座后退，进行预塑化，待下一个循环开始，再回复原位进行注射，主要用于结晶性塑料。

6）对于黏度高和热稳定性差的塑料，宜采用较慢的螺杆转速和略低的背压加料和预塑；而对于黏度低和热稳定性好的塑料，可采用较快的螺杆转速和略高的背压。在喷嘴温度合适的情况下，采用喷嘴固定形式可提高生产率。但当喷嘴温度太低或太高时，需要采用每成型周期向后移动喷嘴的形式（喷嘴温度低时，由于后加料时喷嘴离开模具，减少了散热，故可使喷嘴温度升高；而当喷嘴温度太高时，后加料时可挤出一些过热的塑料）。

在试模过程中应做详细记录，并将结果填入试模记录卡，注明模具是否合格。如需返修，则应提出返修意见。在记录卡中，应摘录成型工艺条件及操作注意要点，最好能附上加工出的制件，以供参考。

试模后，将模具清理干净，涂上防锈油，然后分别入库或返修。

注射模试模中的常见问题、产生原因及调整方法见表 5-3。

表 5-3 注射模试模中的常见问题、产生原因及调整方法

序 号	常见问题	产 生 原 因	调 整 方 法
1	注不满	1）机筒及喷嘴温度偏低 2）模具温度偏低 3）加料量不够 4）剩料太多 5）制件超过注射成型机最大注射量 6）注射压力太低 7）注射速度太慢或太快 8）模腔无适当排气孔 9）流道或浇口太小 10）注射时间太短，柱塞式螺杆退回太早 11）杂物堵塞机筒喷嘴或弹簧喷嘴失灵	1）提高机筒及喷嘴温度 2）提高模具温度 3）适当增加下料量 4）减少下料量 5）选用注射量更大的注射机 6）提高注射压力或适当提高温度 7）合理控制注射速度 8）开排气孔 9）适当增加浇口尺寸 10）增加注射时间及预塑时间 11）清理喷嘴及更换喷嘴零件
2	制品溢边	1）注射压力太大 2）模具闭合不紧或单向受力 3）模型平面落入异物 4）塑料温度太高 5）制件投影面积超过注射成型机所允许的塑制面积 6）模板变形弯曲	1）适当减小注射压力 2）提高合模力，调整合模装置 3）清理模具 4）降低机筒及模具温度 5）改变制件造型或更换大型注射机 6）检修模板或更换模板
3	气泡	1）原料含水分、溶剂或易挥发物 2）塑料温度太高或受热时间太长，已降解或分解 3）注射压力太小 4）注射柱塞退回太早 5）模具温度太低 6）注射速度太快 7）在机筒加料端混入空气	1）对原料进行干燥处理 2）降低成型温度，或拆机换新料 3）提高注射压力 4）延长退回时间或增加预塑时间 5）提高模温 6）降低注射速度 7）适当增加背压排气，或对空注射
4	凹痕	1）流道、浇口太小 2）制品太厚或薄厚悬殊太大 3）浇口位置不适当 4）注射及保压时间太短 5）加料量不够 6）机筒温度太高 7）注射压力太小 8）注射速度太慢	1）增加流道、浇口尺寸 2）改进制件工艺设计，使制件薄厚相差小 3）浇口开在制件的壁厚处，改进浇口位置 4）延长注射及保压时间 5）增加下料量 6）降低机筒温度 7）提高注射压力 8）提高注射速度
5	熔接痕	1）塑料温度太低 2）浇口太多 3）脱模剂过量 4）注射速度太慢 5）模具温度太低 6）注射压力太小 7）模具排气不良	1）提高机筒、喷嘴及模具温度 2）减少浇口或改变浇口位置 3）采用雾化脱模剂，减少用量 4）提高注射速度 5）提高模温 6）提高注射压力 7）增加模具排气孔

序号	常见问题	产生原因	调整方法
6	制品表面波纹	1）机筒温度太低 2）注射压力小 3）模具温度低 4）注射速度太慢 5）流道、浇口太小	1）提高机筒温度 2）提高注射压力 3）提高模温 4）提高注射速度 5）增大流道、浇口尺寸
7	黑点及条纹	1）塑料已分解 2）塑料碎屑卡入注射柱塞和机筒之间 3）喷嘴与模具主流道吻合不良，产生积料，并在每次注射时带入模腔 4）模具无排气孔	1）降低机筒温度或换原料 2）提高机筒温度 3）检查喷嘴与模具注口，使之吻合良好 4）增加模具排气孔
8	银纹、斑纹	1）塑料温度太高 2）原材料含水量太大 3）注射压力太低 4）流道、浇口太小 5）树脂中有低挥发物	1）降低模温 2）对原材料进行干燥处理 3）提高注射压力 4）增加流道、浇口尺寸 5）对原料进行干燥处理
9	制品变形	1）冷却时间不够 2）模具温度太高 3）制件厚薄悬殊过大 4）制件脱模杆位置不当，受力不均 5）模具前后温度不均 6）浇口部分过分的填充作用	1）延长冷却时间 2）降低温度 3）改进制件厚薄的工艺设计 4）改变制件与脱模杆的位置，使受力均匀 5）使模具两半的温度一致 6）减少垫料
10	裂纹	1）模具温度太低 2）制件冷却时间太长 3）制件顶出装置倾斜或不平衡 4）脱模杆截面积太小或数量不够 5）嵌件未预热或温度不够 6）制件斜度不够	1）提高模温 2）缩短冷却时间 3）调整顶出装置的位置，使制件受力均匀 4）增加脱模杆的截面积或数量 5）提高嵌件预热温度 6）改进制件工艺设计，增加斜度
11	制品脱皮分层	1）不同的塑料混杂 2）同一塑料不同牌号相混 3）塑化不均 4）混入异物	1）采用单一品种的塑料 2）采用同牌号的塑料 3）提高成型温度并使之均匀 4）清理原材料，除去杂质
12	制件强度下降	1）塑料降解或分解 2）成型温度太低 3）熔接不良 4）塑料回料用次数太多 5）塑料潮湿 6）浇口位置不当（如在受弯曲力处） 7）塑料混入杂质 8）制件设计不良，如有锐角、缺口 9）围绕金属嵌件周围的塑料厚度不够 10）模具温度太低	1）适当降低温度或清理机筒 2）提高成型温度 3）提高熔接缝的强度 4）减少回料混入新料的比例 5）对原料进行干燥 6）改变浇口位置 7）原料过筛，除去杂质和废物 8）改进制件的工艺设计，避免锐角、缺口 9）嵌件设置在壁厚处，改变嵌件位置 10）提高模温

第5章 塑料模具的安装调试与维修

5.4 塑料模具的维护与修理

塑料模具的精度和寿命依靠的是对塑料模具的维护，修理是迫不得已时才采取的措施。资料显示，使用与维护在模具使用寿命的影响因素中占15%~20%，注射模具的使用寿命一般能达到80万次，国外一些保养完好的模具甚至能再延长2~3倍。但国内企业由于忽视维护工作，注射模具的使用寿命比较短，仅相当于国外的1/5~1/3。

1. 塑料模具的维护项目

塑料模具的维护包括上班前和下班后的维护，其中最为重要的维护部位是型腔表面，必须保证型腔表面的表面粗糙度值要求，以满足脱模需要。对模具的滑动部位应加适量润滑油脂，以保证运动灵活，模具的易损件应适时更换。

塑料模具的维护项目与维护过程见表5-4。

表 5-4 塑料模具的维护项目与维护过程

维护项目	维护过程
模具使用前的准备工作	1）对照工艺文件，检查模具的型号、规格与工艺文件是否一致 2）了解模具的使用性能、使用方法、结构特点及动作原理 3）检查设备是否合理，如注射机的行程、开模距、压射速度等是否与模具配套 4）检查模具是否完好，使用的材料是否合适 5）检查模具安装是否正确，各紧固部位是否有松动现象 6）开机前，检查工作台上模具上的杂物是否清理干净，以防开机后损坏模具或出现安全隐患
模具使用过程中的维护	1）遵守操作规程，防止乱放、乱碰及违规操作 2）模具运转时要随时检查，发现异常应立刻停机检修 3）定时对模具各滑动部位进行润滑
模具的拆卸	1）模具使用结束后，按照正常程序拆卸 2）拆卸后的模具要擦拭干净，涂油防锈 3）模具吊运要慢起、轻放 4）在确保模具技术状况的情况下，将其完整、及时地送入指定地点保管
模具的保管及养护	1）模具的保管处要通风、干燥 2）定期检修模具，以保证良好的技术状态 3）维修后的模具要进行试模，重新鉴定技术状态

2. 塑料模具的维护方法

（1）选择合适的成型设备，确定合理的工艺条件 选择注射机时，应按最大注射量、拉杆有效距离、模板上模具安装尺寸、最大模厚、最小模厚、模板行程、推出方式、推出行程、注射压力、合模力等各项进行核查，满足要求后方能使用。

（2）模具安装后要先空模运转 观察各部位运转动作是否灵活，是否有不正常现象，推出行程、开启行程是否到位，合模时分型面是否严密，螺钉是否拧紧等。

（3）模具的使用　要保证模具在常温下工作，可延长其使用寿命。

随时观察模具上的滑动部件，如导柱、导套复位杆、推杆、型芯等，定时检查，适时擦洗并加润滑油脂，尤其是在夏季室温较高时，每班至少加两次油，以保证这些活动部件运动灵活，防止紧涩咬死。

（4）模具型腔表面的维护　塑料模具型腔表面有特殊要求，表面粗糙度应小于或等于$Ra0.2\mu m$，绝对不能用手或棉丝擦拭，应用压缩空气吹，或用高级餐巾纸、高级脱脂棉蘸上酒精轻轻擦拭。

型腔表面要定期进行清洗。注射模具在成型过程中，往往会分解出低分子化合物腐蚀模具型腔，使得光滑的型腔表面逐渐变得暗淡无光，从而降低制品质量，因此需要定期擦洗型腔表面。擦洗时可以使用醇类或丙酮类制剂，擦洗后要及时吹干。

（5）运行中的维护　首先应在注射机、模具正常运转的情况下，测试模具各种性能，并将最后成型的塑件尺寸测量出来，通过这些信息可确定模具的现有状态，找出型腔、型芯、冷却系统以及分型面等的损坏所在，根据制品提供的信息，即可判断模具的损坏状态以及维修措施。其次，要对模具几个重要的零部件进行重点跟踪检测。例如，应经常检查顶出杆、导柱等是否发生变形及表面损伤，一经发现，要及时更换。完成一个生产周期之后，要对运动、导向部件涂防锈油，尤应重视带有齿轮、齿条模具轴承部位的防护和弹簧模具的弹力强度，以确保其始终处于最佳工作状态。最后，冷却道的清理与生产率和产品质量关系重大。随着生产时间的持续，冷却道易沉积水垢、锈蚀、淤泥及水藻等，使冷却流道截面变小，冷却通道变窄，大大降低了冷却液与模具之间的热交换率，增加了企业的生产成本。因此，应重视流道的清理工作。

（6）临时停机维护　临时停机时，应把模具闭合，不让型腔和型芯外露，以防意外发生。若停机超过24h，要在型腔、型芯表面喷涂防锈剂或脱模剂。尤其是在潮湿环境下，时间再短也要做防锈处理。空气中的水汽会使型腔表面质量降低，制品质量下降。再次使用模具时，应将防锈剂除去并擦拭干净方可使用，否则成型时会渗出防锈剂而使制品出现缺陷。

不论是正在生产中的模具或是暂不使用的模具，都应制订模具日常、定期维护计划。对于正在生产中的模具，除了要在生产中进行日常维护外，每当生产5万～10万模次或当模具发生故障时，还应对模具进行定期保养，分解模具各部件，对其形状、尺寸和表面粗糙度以及内在质量等进行检查，确认其状态是否良好，并采取必要的措施，使模具始终处于良好的状态。对暂不使用的模具可定期进行状态确认，检查是否生锈，可考虑清洗和涂防锈油，使其保持随时都能生产的状态。

应定期对模具进行消除内应力的处理，以防模具出现疲劳裂纹。

塑料模具的维护保养周期见表5-5。

表5-5 塑料模具的维护保养周期

序　号	检查项目	每天	15天	1个月	3个月	半年～一年
1	喷嘴是否松动					○
2	模具型腔面是否渗水	○				

（续）

序　号	检 查 项 目	每天	15 天	1 个月	3 个月	半年～一年
3	紧定螺钉是否松动			○		
4	顶杆是否弯曲、磨损、咬死		○			
5	滑动型芯动作及导柱、导套加油情况			○		
6	脱模动作是否协调	○				
7	模具表面质量				○	
8	模具拆卸检查（检查内容有除锈、除油、润滑、型腔磨损、密封件、孔销的溢料及其他多余物、冷却水垢的清除等情况）					○

总之，一副经过良好保养与维护的模具，可以缩短模具装配、试模时间，减少生产故障，使生产运行平稳，确保产品质量，减少废品损失，并降低企业的运营成本和固定资产投入。当下一个生产周期开始时，企业能够顺利生产出质量合格的产品。

3. 塑料模具的修理

塑料模具在使用过程中，在发现主要部件损坏或失去使用精度时，应进行全面检修。修理包括使用过程中的维护性修理及损坏和磨损后修理。

（1）塑料模具的检修原则

1）塑料模具零件的更换一定要符合原图样规定的材料牌号和各项技术要求。

2）检修后的塑料模具一定要重新试模和调整，直到生产出合格的制件后，方可交付使用。

（2）塑料模具的修理步骤

步骤一：用汽油或清洗剂将需要检修的零部件清洗干净。

步骤二：依据原图样的技术要求，检查损坏部位的损坏情况。

步骤三：根据检查结果填写修理方案卡片，主要记载如下内容：模具名称、模具编号、使用时间、模具检修原因及检修前制件质量、检查结果及主要损坏部位、修理方法和修理后能达到的性能要求。

步骤四：按照定好的方案拆卸损坏部位，拆卸时，可以不拆的尽量不拆，以减少重新装配时的调整和研配工作。

步骤五：对拆卸下来的损坏零件进行修理。

步骤六：安装与调整。

步骤七：对重新调整后的模具进行试模，检查故障是否排除、制件质量是否合格，确认无误后方能交付使用。

4. 常用塑料模具的修复方法

当塑料模具出现问题后，采取何种方法进行修复，主要取决于损坏的类型及模具结构，常用的模具修复方法有电刷镀、堆焊、电阻焊、镶拼、挤胀、扩孔和更换新零件等。

（1）电刷镀　电刷镀又称无槽镀，其工作原理如图 5-11 所示。它利用直流电源 3，将工件 1 接负极，镀笔 4 接正极，用脱脂棉 5 包住其端部的不溶性石墨电极，蘸饱镀液 2（有的也采用浇淋），多余的镀液流回容器6。加工时接通电源，工件旋转，在电化学作用下，镀液中的离子流向负极，并在负极得到电子还原为原子，结晶为镀膜，其厚度一般为 0.001 ~ 0.5mm。

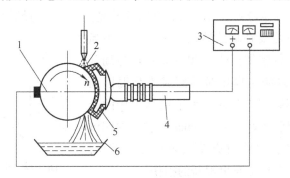

图 5-11　电刷镀工作原理

1—工件　2—镀液　3—直流电源　4—镀笔　5—脱脂棉　6—容器

电刷镀技术可应用于模具型腔表面的局部划伤、拉毛及蚀斑磨损等缺陷。修复后，模具表面的耐磨性、硬度及表面粗糙度等都能达到原来的性能指标。

电刷镀具有如下特点：

1）不需要渡槽，设备简单、操作方便、灵活机动；可现场操作，不受工件大小、形状和工作条件的限制。

2）镀液种类、可涂镀金属比槽镀多，易于实现复合镀层。

3）涂镀层的质量好，镀层均匀、致密、结合力比槽镀牢固，镀层容易控制。

4）需人工操作，工作量大。

（2）堆焊　堆焊是在工件的表面或边缘熔敷一层具有耐磨、耐蚀、耐热等性能的金属层的焊接工艺。堆焊与一般焊接方法不同，其作用不是连接工件，而是对工件表面进行改性，以获得所需的耐磨、耐热、耐蚀等特殊性能的熔敷层，或恢复工件因磨损或加工失误造成的尺寸不足。这两方面的应用在表面工程学中称为修复与强化。

堆焊通常用来修补模具内的局部缺陷、开裂或裂纹等修正量不大的损伤。目前应用较为广泛的是氩气保护焊，即氩弧焊。

堆焊的特点如下：

1）堆焊层与基体金属的结合是冶金结合，结合强度高，抗冲击性能好。

2）堆焊层金属的成分和性能调整方便，一般常用的焊条、电弧焊堆焊焊条或药芯焊条调节配方很方便，可以设计出各种合金体系，以适应不同工况的要求。

3）堆焊层厚度范围大，一般可在 2 ~ 30mm 范围内调节，更适合于严重磨损的工况。

4）节省成本，经济性好。当工件的基体采用普通材料制造，表面用高合金堆焊层时，不仅降低了制造成本，而且节约了大量贵重金属。在工件维修过程中，合理选用堆焊合金，对受损工件的表面加以堆焊修补，可以大大延长工件寿命，延长维修周期，降低生产成本。

5）由于堆焊技术就是通过焊接的方法增加或恢复零部件尺寸，或使零部件表面获得具有特殊性能的合金层，所以对于能够熟练掌握焊接技术的人员而言，其难度不大，可操作性强。

图 5-12 所示为采用堆焊法修理塑料模具型腔、型芯。

采用低温氩弧焊、焊条电弧焊等方法，在需要修复的部位进行堆焊，然后再作修整，主
要用来修理局部损坏或需要补缺的情况。采用焊条电弧焊时，应对焊缝周围进行整体预热（40～80℃）与局部预热（100～200℃），以防止焊接时局部成为高温区而容易产生裂纹和变形等缺陷。此外，为了提高焊接的熔接性能，被焊处在堆焊前最好加工出 5mm 左右深的凹坑或用中心钻钻孔。要防止操作时火花飞溅到其他部位，尤其是型腔表面，避免在焊接时出现新的损伤。

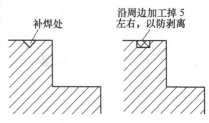

图 5-12　堆焊法修理型腔、型芯

（3）镶拼法

1）镶件法。镶件法（图 5-13）是利用铣床或线切割等加工方法，将需要修理的部位加工成凹坑或通孔，然后制造新的镶件，嵌入凹坑或通孔中，达到修理的目的。镶件最好在被修复的型腔、型芯的分界线上，这样可以遮盖修补的痕迹，否则镶件拼缝处会在制品上留有痕迹。

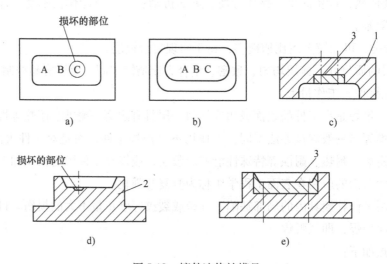

图 5-13　镶件法修补模具

a）商标压坏　b）商标镶嵌并加框格　c）商标镶嵌并加框格　d）型芯底台压坏　e）型芯底台镶嵌组合

1—型腔　2—型芯　3—镶嵌件

2）镶外框法。当成型零件在长期交变热及应力的作用下出现裂缝时，可先制成一个钢带夹套，其内尺寸比零件尺寸稍小，即过盈配合形式。将夹套加热烧红后，把出现裂缝的零件放进夹套内，冷却后零件即被夹紧，使裂缝不再扩大。

（4）挤胀法　利用金属的延展性，对模具局部小而浅的破损，用锤子或碾子敲打其四周或背面来弥补破损的修理方法。图 5-14 所示为一被压坏的型腔，在其损坏部位的背面钻一个比压坏面积大 2 倍的深孔，深孔距型腔受损面的深度约为所钻孔深度的 1/2～2/3，然后

用碾子冲击深孔的底部。经冲击后，受损部位型腔底部将产生变形而凸出、隆起。用一根圆销将深孔堵住，并磨平焊牢（或用螺钉固定住）。最后把型腔底部的隆起部分修平、抛光，使型腔恢复原状。所修型腔表面不留任何修理的痕迹。

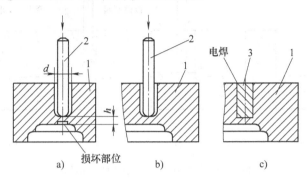

图 5-14　用挤胀法修补型腔

a）钻孔　b）碾冲　c）堵实、修复

1—型腔　2—碾子　3—堵头

当分型面的沿口处因不慎碰撞出小缺口时，一般采用焊补的方法把小缺口焊上，由钳工修复即可；若型腔未曾淬火，因材料有一定的延展性，则可用挤胀法在缺口处附近钻一个 $\phi8 \sim \phi10mm$ 的小孔，用小碾子从小孔的另一侧向缺口处冲击碾挤，如图 5-15 所示。当被碰撞的缺口经碾挤后向型腔内侧凸起时，观察其凸起量，当达到够修复的量时，就停止碾挤，然后用钻头把碾挤变形了的小孔扩大成正圆，并把孔底修平，接着用圆销将孔填平补好。最后将被碾挤凸出的型腔侧壁修复好即可。

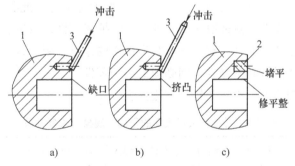

图 5-15　用碾挤法修复局部碰伤

a）碰伤缺口附近钻孔　b）用冲子冲击，并将侧壁挤凸　c）扩孔、堵平、修复

1—型腔　2—圆销（堵块）　3—碾子（无刃口的錾子）

当型腔压损的位置在型腔的侧壁时，如图 5-16 所示，可在侧壁损坏部位附近钻一个 $\phi10 \sim \phi12mm$ 大的孔，深度略超过被损坏位置，孔的边缘与型腔壁的距离为 $4 \sim 5mm$，然后用一把冲头硬且光亮的碾子进行撑挤，使损坏处被撑挤出，再将撑挤的孔扩大、扩平。最后用一根圆柱销将孔堵死、焊牢固、修平、抛光。这样修复后的型腔不会留下任何痕迹。

（5）扩孔法　当各种杆的配合孔因滑动磨损而变形时，可采用扩大孔径，将配用杆的直径也相应加大的方法来修复，称为扩孔法。当模具上的螺纹孔或销钉孔由于磨损或振动而损坏时，一般也采用此法进行修理，方法简单，可靠性强。

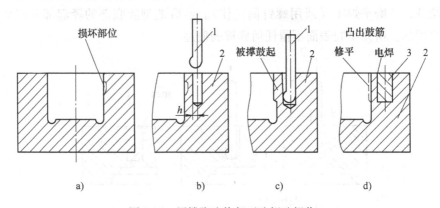

图 5-16　用撑胀法修复型腔侧壁损伤

a）型腔损坏部位　b）钻孔　c）撑胀　d）堵实、修复

1—碾子　2—型腔　3—圆销（堵块）

（6）更换新零件　此种方法主要应用于杆、套类活动件折断或严重磨损情况下的修复。对于其他部件，当采用现有的修复手段均不可行时，也需要更换新件，以使模具能够正常使用。

5. 塑料模具修复实例

塑料件出现缺陷的种类很多，原因也很复杂，既有模具方面的原因，又有工艺条件方面的原因，二者往往交织在一起。在修模前，应根据制品缺陷的实际情况进行分析，找出产生缺陷的原因并提出修复方案。

（1）导柱与推杆的损坏及其修复　塑料模具在使用过程中，某些间隙配合的活动零部件较容易磨损，它们在工作中相互摩擦，较易损坏，称为易损件，此类零件均为标准件。例如：导柱、导套等导向零件；侧抽滑块和侧抽型芯等抽拔零件；限位、锁紧等定位零件；推杆、回程杆、拉料杆等结构零件。对于一般磨损拉伤的修复，用磨石、砂布打磨即可；而对于严重拉伤或啃坏，甚至折断的修复，则必须更换新零件。

导柱和推杆损坏的原因、现象及修复方法见表 5-6。

表 5-6　导柱和推杆损坏的原因、现象及修复方法

损坏原因	1）导柱与导套或推杆与推杆孔配合太紧；多根导柱或多根推杆配合松紧不一致 2）导柱孔或推杆的安装孔与分型面不垂直，使开模时导柱轴线与开模运动方向不平行，如图 5-17 所示 3）推杆固定板与推板太薄，刚性不够，在顶出制件时会产生弹性或塑性变形，如图 5-18 所示 4）推板和推杆固定无导向驱动，在卧式注射机上因自重下垂而产生偏载力矩，推杆易单面磨损，推杆孔上端易被磨成椭圆形，如图 5-19 所示 5）导柱与推杆的淬火硬度不够而造成损坏，一般要求导柱的硬度不低于 55HRC，推杆的硬度不低于 45HRC，并以导套的硬度不低于导柱的硬度为宜 6）导柱、导套和推杆、推杆孔的配合处有污物或缺少润滑 7）动模部分在注射机上安装时若有下垂现象，则合模时，定模导套孔插入时产生的扭力会使导柱或推杆拉伤、啃坏或折断 8）在模具分型面上没有设置定位装置，斜分型面上没有设置限位台阶等都会造成导柱拉伤、啃坏和断裂

现象	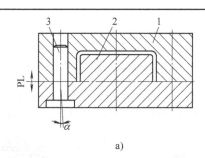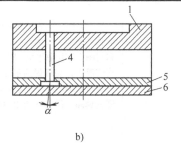图 5-17 导柱孔或推杆的安装孔不垂直 a）导柱孔与分型面不垂直　b）推杆安装孔与分型面不垂直 1—型腔　2—型芯　3—导柱　4—推杆　5—推杆固定板　6—推板 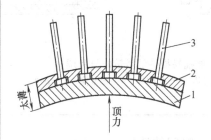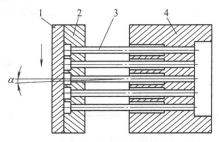图 5-18　推杆固定板与推 板受顶力产生变形　　图 5-19　推杆固定板与推板因自重下垂 1—推板　2—推杆固定板　3—推杆　4—型腔
修复方法	1）调整配合状态，使配合松紧程度一致；当连接部分出现松动时，应随时予以紧固 2）调整导柱孔或推杆安装孔与分型面的垂直度误差，使之符合生产要求；对产生变形的导柱或推杆，应进行校正、修直 3）推杆固定板和推板必须有足够的厚度和刚度；对淬火硬度达不到要求的导柱或推杆应重新进行热处理或予以更换 4）为了保护导柱免受径向应力作用，在模具的分型面上应设定位装置，对斜分型面应设置限位台阶 5）注意平时的维护保养，随时对模具进行检查、清理和润滑

（2）侧抽机构损坏及其修复　在模具开合过程中产生移位而实现脱模的机构称为侧抽机构。其中滑动件一般采用中碳钢并经淬火或调质处理以达到硬度要求。因此，与滑动件相对应的承压件必然磨损严重，致使滑动件不能精确复位。

侧抽机构损坏的原因及修复方法见表 5-7。

表 5-7　侧抽机构损坏的原因及修复方法

损坏原因	1）自然磨损或零件疲劳 2）侧抽机构动作失灵

（续）

修复方法	1）对于由自然磨损或零件疲劳引起的损坏，可通过对滑动部位勤加润滑油或对磨损部位进行修补、调节，使滑动件得到精确复位。如图 5-20 所示，通过对图 5-20a 中锁紧块 4A 面的微量修磨和对图 5-20b 中垫块 5B 处用金属片适量垫高，就能补偿件侧抽件 3 的磨损量。凡是滑动摩擦部位均应淬火，易磨损的零件应准备备用件 2）侧抽机构动作失灵属于事故隐患。有侧抽件的模具，其结构较复杂，侧抽越多，其复杂程度就越高，模具在使用中的事故隐患也就越多。对此，在维修中，应考虑改善模具的结构 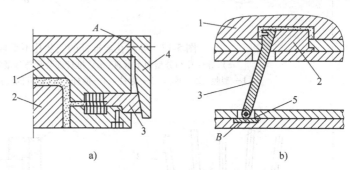 图 5-20　侧抽易损件的微量修复和调整 1—型腔　2—型芯　3—侧抽件　4—锁紧块　5—垫块

（3）分型面损坏及其修复　模具经过一段时间的使用后，原来清晰、光亮的分型面上会出现凹坑和麻面。尤其是在型腔的沿口处，棱角变成了圆角或钝角，使制件产生飞边和毛刺，这表明模具的分型面遭到了损坏。

分型面损坏的原因、现象及修复方法见表 5-8。

表 5-8　分型面损坏的原因、现象及修复方法

损坏原因	1）由于注射量和注射压力过大，锁模力不够，导致分型面微量胀开 2）分型面上有余料或其他微小异物没有清理干净，二次合模时，将残余料和异物挤压到分型面上 3）取制品或放置金属预埋件时操作不当，对分型面型腔沿口处有磕碰 4）长期反复地闭合、开启，使模具分型面产生正常的自然磨损
现象	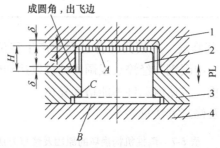 图 5-21　分型面出现"飞边"的修理 1—型腔　2—型芯　3—型芯固定板　4—支承板

修复方法	1）若分型面的磨损量不大，则可用平面磨床将分型面磨去"飞边"的厚度 δ（δ 为 $0.1\sim0.3mm$），如图 5-21 所示。若磨去 δ 会影响制件外形总高尺寸 H，则可用电极将型腔 1 的底部 A 面往深处切去 δ 予以补偿。同时用薄片把型芯 2 的 B 面垫高 δ，C 处台阶面也铣去 δ。这样修复后的模具，其制件的总高尺寸 H 与底部壁厚 t 仍保持不变 2）当分型面的沿口处因不慎碰撞出小缺口时，一般采用焊补的方法把小缺口焊上；若分型面上有局部磨损，则视具体情况采用挤胀或镶拼等方法进行修复；若损坏严重，则应当考虑更换型腔件

思考与练习

1. 注射机由哪几部分组成？
2. 说明图 5-22 所示注射模的安装步骤。
3. 塑料模调试的要求有哪些？
4. 简述塑料模具的维护项目与维护过程。
5. 常用塑料模具的修复方法有哪些？

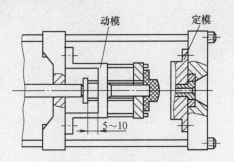

图 5-22　小型注射模的安装

参 考 文 献

［1］赵世友．模具装配与调试［M］．北京：北京大学出版社，2009．

［2］李云程．模具制造技术［M］．北京：机械工业出版社，2002．

［3］王浩，张晓岩．模具设计与制造实训［M］．北京：机械工业出版社，2012．

［4］夏致斌．模具钳工［M］．北京：机械工业出版社，2009．

［5］邵守立．模具制造技术［M］．北京：高等教育出版社，2002．

［6］劳动和社会保障部教材办公室．工具钳工工艺与技能训练［M］．北京：中国劳动社会保障出版社，2008．

［7］刘明．模具制造工艺学［M］．北京：机械工业出版社，2008．